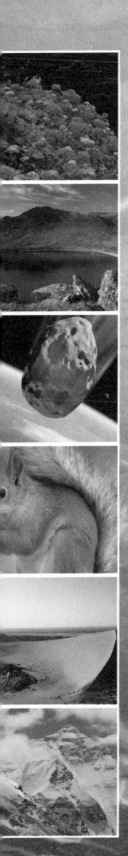

神奇的世界 SHENQI DE SHIJIE

地球的秘密

陈敦和　主编

上海科学技术文献出版社

Shanghai Scientific and Technological Literature Press

图书在版编目(CIP)数据

地球的秘密／陈敦和主编.—上海：上海科学技术文献出版社,2019

(神奇的世界)

ISBN 978 - 7 - 5439 - 7896 - 6

Ⅰ.①地…　Ⅱ.①陈…　Ⅲ.①地球科学—普及读物 Ⅳ.①P - 49

中国版本图书馆 CIP 数据核字(2019)第 081260 号

组稿编辑:张　树

责任编辑:王　珺

地球的秘密

陈敦和　主编

----

*

上海科学技术文献出版社出版发行

(上海市长乐路 746 号　邮政编码 200040)

全 国 新 华 书 店 经 销

四川省南方印务有限公司印刷

*

开本 700×1000　1/16　印张 10　字数 200 000

2019 年 8 月第 1 版　　2021 年 6 月第 2 次印刷

ISBN 978 - 7 - 5439 - 7896 - 6

定价:39.80 元

http://www.sstlp.com

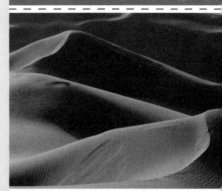

地球自诞生之日起，就隐藏了太多的奥秘，在时间与空间的不断变换中，一直给人以无限的遐想。

无论是浩瀚无垠的宇宙、蔚蓝的海洋、变化万千的气候，还是奇趣盎然的动物、生机勃勃的植物，一切都显得那么神奇与美好。在"地球母亲"的怀抱里，我们同万物一样，享受着自然的恩赐。

随着现代科技的不断进步，人类已经证明地球是一颗46亿岁的古老行星，它起源于原始太阳星云。然而，更多关于地球的奥秘，还等待人们去发掘，去证实。

地球诞生之初是什么样子？幽蓝诡异的大洋之底究竟隐藏着一个怎样的世界？当你面对着美丽壮阔的自然奇景，当你置身于恢宏怪秘的山海奇观中，你是否会感叹地球母亲那博大的胸怀？

本书在科学事实的基础上，带你去"揭开地球独特构造的神秘面纱"，去领略"令人困惑的自然异景之谜"和"人'神'莫辨的山海奇观"，去探索"深不可测的大洋之底"。在地球"疯狂的气象"面前，在"火山和冰川——地球那忽冷忽热的'坏脾气'"面前，你还能镇定自若吗？假如在"奇幻沙漠"中，你偶遇了某些"游走在荒野中的神秘动物"，你会不会感到惊讶万分？本书将为你一一解答。

在这个生机勃勃、奇趣变幻、具有无限魅力的科学世界里，在这个广阔的知识海洋里，蕴藏着无穷的宝藏。让我们放下沉甸甸的书包，以最轻松的姿态来阅读这个世界。透过图书让视野扩容，在这里，每一朵洁白的浪花背后都有七彩的景象。美丽的地球正在打开广阔的大门，让我们一起去探索那些无穷的奥秘吧！

目录

Contents

Ch1 1 地球档案——揭开地球独特构造的神秘面纱

Ch2 19 怪秘地带——令人困惑的自然异景之谜

❖ 地球的秘密

神奇的世界

III

目

录

Ch3 35 山野之秘——人"神"莫辨的山海奇观

Ch4 55 深海真貌——深不可测的大洋之底

C目录 Contents

疯狂的气象——狂野而又多变的地球奇观

Ch5 71

奇妙的动物——游走在荒野中的神秘生命

Ch6 91

Ch7 109 趣味植物——鲜为人知的秘密生活

Ch8 125 火山和冰川——地球忽冷忽热的"坏脾气"

目录
Contents

Ch9
145　奇幻沙漠——生命禁区中的奇趣怪事

第一章　地球档案

——揭开地球独特构造的神秘面纱

地球这颗有着广阔天空和蓝色海洋的行星始终给人以坚实巨大的感觉。而在宇宙中，地球给人的印象却并非如此：这个在一层薄薄而脆弱的大气笼罩下的星球并不见得有多大。然而在太空中，地球的特征是明显的：漆黑的太空、蓝色海洋、棕绿色的大块陆地和白色的云层。

大自然鬼斧神工的产物

——探究地球诞生之谜

地球是我们共同生活的美好家园，也是人类千百年来不断研究的对象。关于地球的起源和发展过程，至今仍然笼罩在重重的谜团之中。地球真是"上帝创造"的吗？还是形成于太空星云？

上帝创造了地球吗

早在远古时代，人类就对地球充满了好奇。那时的人们认为，大自然里存在的一切都是由上天创造的，一切都是与生俱来的。在西方，基督教所尊崇的"上帝创世说"曾经长期占据统治地位。我国古代也有盘古开天辟地的传说。虽然这些都是唯心论的说法，但是人类长期以来深受它们的影响。

科学家们的星云假说

1543年，波兰天文学家哥白尼提出了日心说，此后人们才开始科学地探索地球的起源问题。德国哲学家康德在1755年提出了星云说，认为宇宙中存在着原始的、分散的物质微粒，这些微粒绕中心旋转，并逐渐向一个平面集中，最后中心物质形成太阳，赤道平面上的物质则形成了包括地球在内的行星和其他小天体。1796年，法国天文学家拉普拉斯提出了另一种星云假说，认为包括地球在内的行星是由围绕自己的轴旋转的气体状星云形成的。由于两者的学说基本一致，所以被后人称为康德—拉普拉斯学说。19世纪，这种学说在天文学中一直占据统治地位。

尼古拉·哥白尼1473年出生于波兰。40岁时，哥白尼提出了日心说↓

万有引力定律的神奇作用

被太阳核燃烧产生的各种元素，被太阳抛到太空中，成为稀薄、寒冷的星云；万有引力作用下，这些稀薄的星云开始收缩成类球状；星云球体自我压缩，产生巨大的热能，形成高温气液混合体，防止万有引力引发球体进一步塌陷成黑洞，这个阶段与中学时代的气体状态方程挂上了钩；高温压缩星云球体，外表向太空释放热能冷却，凝固结晶成地表岩浆岩；由于地表岩浆岩较薄，冷却后体积收缩，形成当初大块龟裂纹，通常所说的断层；又由于当初最早断层的存在，岩浆将在内部高温高压下形成火山喷发景观，并侵入龟裂纹进行地表板块间重新缝合及造山运动。

形象地说：行星形成后，地壳如同蛋壳一样，保护内部的岩浆热能不至于很快向太空散发，而内部的岩浆又如同孙猴子跑到妖怪的肚子里一样，用棍子东捅捅、西捅捅，时间越长，猴子也慢慢累了（能量消耗多了），东捅捅、西捅捅的时间间隔长了、次数少了，即火山频发慢慢过渡到现在的偶发，造山运动次级低了、强度低了。

岩浆喷发携带的气体形成大气层与海洋液态水，由于地球与太阳距离适中，光照作用不至于把地球上的水、大气蒸发到太空及让大气、水的温度太低而固态化。

地球的自旋运动，让地球不同区域的液态水，日出蒸发，日落向外太空释放热能凝絮降雨，形成地球各种各样的气候景观与剥蚀夷平高山，填平湖泊自然景观。

也由于地球的气候变化诱导风云变幻，形成地质沉积层，风化地表基岩为土壤。

还有大气层、臭氧层的产生与保护地球，都与自然光照强度之间存在着动态平衡与协调。

总之，地球上各种景观，都是大自然杰作。

知识链接

·地球的年龄·

近30年来，科学家利用放射性同位素定年方法获得了一系列与地球年龄相关的数据：在澳大利亚西部岩石中获得的锆石测得地球年龄为42亿年，虽然这颗锆石是以再沉积的方式存在于中生代的岩石中，但已足以表明地球的年龄不会小于这个数据；从月球上获得的岩石所测定的年龄有许多在46亿年以上，由于月球是地球的卫星，也是太阳系的一员，因此地球的年龄应不小于月球的年龄；从大量来自太阳系的陨石获得的年龄也都在46～47亿年之间。根据太阳系起源同一性的基本原理，地球的年龄应有46亿年以上。

地球诞生之初
——从"地狱"到"天堂"

刚刚诞生的地球就像一座毫无生机的"地狱"，不断遭遇巨型小行星或彗星的冲撞，火山将大量有毒的气体喷进地球的原始大气层。然而，地球最终却变成了生命的"天堂"。这是怎么办到的呢？

熔岩之海

早期的地球是一颗毫无生机的熔融行星，就像一座恐怖的熔炉。由于地球巨大的引力将来自太空的大量残骸拉向自己，使地球接连不断地遭遇撞击，由此在地球表面产生了巨大的热量。同时，地球内部的放射性元素衰变也产生了大量的热，从内部炙烤地球。这两大热量的综合作用，无疑导致了灾难性的后果。当温度上升至成千上万度时，地球表面岩石中的铁和镍等金属开始熔化，地球的外部呈熔融状态，好像是一片"熔岩之

海"，深度达成百上千千米。

也就是说，当时的地球就像漂浮在太空中的一颗巨大液滴。在这种状态下，铁元素等重元素下沉，在地球的中心积累，逐渐形成一个有两个月球那么大的熔融状内核；而那些轻质元素和富含碳和水的轻质成分则像湖面上的藻类一样，漂浮在地球表面。

幸运的大碰撞

诞生之初的地球和今天完全不同——火山喷出大量的有毒气体，地球被包裹在一个令人窒息的大气层里面，当时地球大气层的主要成分是二氧化碳、氮和水蒸气。因为没有氧气可供呼吸，也没有臭氧层来阻挡致命的紫外线辐射，所以当时的地球不是一个适合生物存在的星球，至少对我们所知道的生物来说是这样的。

直到地球形成5000万年后，一颗火星大小，质量约为地球十分之一的天体（通常称为忒伊亚）与地球发生了致命性的碰撞。撞击的能量是如此

↑行星撞地球引发地球旋转轴倾斜

10亿年以后，炽热、熔融的地球表面才冷却、变硬，形成地壳，而释放出的气体和火山的活动产生原始的大气层，小行星、较大的原行星、彗星和海王星外天体等携带来的水，使地球的水分增加，冷凝的水产生了海洋。

水是生命最关键的要素，一切生物体都必须有水才能存活。最终，水将覆盖四分之三的地球表面，并且提供了能够维持生命进化的环境。地球也因此成为生命进化的"天堂"。

扩展阅读

·"天降雪山"·

你一定听说过6500万年前恐龙因陨星撞击地球而灭绝的事，但是你知道吗?在地球形成之初，这样的大规模撞击每个月就有一次，并且如此可怕的"石头雨"一连下了好几百万年。彗星就是这些"石头雨"中的一员。据估计，彗星有至少一半的质量是水和冰，也就是说，每一颗大彗星都像一座大雪山，它们融化后当然就能填满地球的海洋。在过去20多年中，只有极少数彗星足够近距离地经过地球附近，其中的一颗是在1997年经过地球附近的哈雷-波普彗星。像哈雷-波普这么大的彗星，一颗就能提供一个典型的地球湖泊所需水量的十分之一。当然，海洋要大得多，所需的水量自然也多得多。不过，早期太阳系中有很多大彗星，因此，彗星之水填满地球海洋应该不成问题。

巨大，以至于地球的外层和忒伊亚都被彻底熔化，两者由此聚合成为一颗块头更大的新地球；与此同时，这次猛烈的碰撞也将大量熔融的岩浆喷入太空，这些熔岩最终聚合成为月球。

催生月球的那次大碰撞，对地球本身而言也是一次"幸运大撞击"。正因为那次撞击的力量是如此巨大，所以地球的转轴被迫倾向太阳，这样地球上才有了季节之分。如果丧失了月球的稳定作用，地球就会剧烈摇晃，地球上的气候就会经常性地走各种极端。如果那样，一个充满生机的地球还可能形成吗？

生命的"天堂"

科学家们相信，至少在月球诞生

地球生命的起源与进化
——"生命之树"蓬勃生长

有关地球的发展史及生命的起源问题，历来是古生物工作者和生命科学研究者重点研究的重要学科领域。长期以来，随着科学的发展和进步，这方面的研究工作已经取得了一些重要的突破……

↑地球本身正在不断地释放自身的能量

"有机汤"中形成的生命

科学研究表明，地球诞生在距今46亿年以前。一开始，地球表面处于熔融状态，火山活动特别强烈，逐渐释放出大量的气体，主要是水蒸气、氢气、一氧化碳、氨气、甲烷、硫化氢等有机物质，这种状况一直持续了很长时间，所以地球的早期发展阶段一直是缺氧的。大量的这样的有机质汇集在原始的海洋里，而火山、闪电和太阳紫外线能释放出大量的能量，上述各种物质在这些能量的作用下，逐渐形成了乙醇、脂肪、碳氢化合物、氨基酸和类似蛋白质的物质，这些物质混在一起，科学家叫做"有机汤"。在某次聚合中，"有机汤"中形成了一个核酸大分子。这个核酸分子能够自我复制。复制以后的核酸仍然携带着母体核酸的结构密码。这个密码可以将许多氨基酸分子聚合成蛋白质大分子，蛋白质在核酸外面形成了保护膜和附属结构。这就是最初的细胞和最早的生命。

生命演化一直遵循着由简单到复杂，由低级到高级的趋势进行，从来没有一种生物在进化过程中，再次变回到它的祖先所属类型，也没有一种生物能在它灭绝一段时间以后再次出现在地球上。

生命之树蓬勃生长

地球上的生命看来是由第一个生物经过再生、繁殖和演化，进而形成无数的生命形态并布满整个地球，这是一个充满传奇色彩的生命历险记。古菌类和后来的细菌在水里、空气中和地上迅速繁殖，在20多亿年中构成了一个生物圈。这个生物圈的成员之间彼此交流，由此又先后产生了真菌和真核生物。然后，它们又集合和组织成多细胞植物和动物。生命在海洋里蔓延开来，它们登上陆地，使世界充满树木和花草，又随着昆虫和鸟类飞翔天空。于是，在地球上形成和成长起"生命之树"。人类是这棵生命进化树最奇异的枝条。

扩展阅读

·地球上的生命来自外太空吗·

有这样一种假说——宇宙太空中的"生命胚种"可以随着陨石或其他途径跌落在地球表面，即成为最初的生命起点。但是，现代科学研究表明，在已发现的星球上，自然状况下是没有保存生命的条件的，因为没有氧气，温度接近绝对零度，又充满具有强大杀伤力的紫外线、X射线和宇宙射线等，因此任何"生命胚体"是不可能保存的。这个假说实际上把生命起源的问题推到了无边无际的宇宙中去了，同时这个假说对于"宇宙中的生命是怎样起源"的问题，仍是无法解释的。

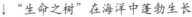
↓ "生命之树"在海洋中蓬勃生长

大陆漂移之谜
——盘古大陆与究极盘古

如果你注意一下世界地图，就会发现南美洲的东海岸与非洲的西海岸是彼此吻合的，好像是一块大陆分裂后并分离形成的。在几亿年前，大陆是彼此连成一片的吗？它又是怎样分裂的？

原始大陆的分裂和漂移

大陆漂移说认为，在距今2亿年前，地球上现有的大陆是彼此连成一片的，从而组成了一块原始大陆，或称为泛古大陆。泛古大陆的周围是一片汪洋大海，叫做泛大洋。在距今1.8亿年前，泛古大陆开始分裂，漂移成南北两大块，南块叫岗瓦纳古陆，包括南美洲、非洲、印巴次大陆、南极洲和澳洲；北块叫劳亚古陆，包括欧亚大陆和北美洲。以后，又经过上亿年的沧桑巨变，到了距今约6500万年前，泛古大陆又进一步分裂和漂移，从而形成了亚洲、非洲、欧洲、大洋洲、南美洲、北美洲和南极洲；而泛大洋则完全解体，形成了太平洋、大西洋、印度洋和北冰洋。

最大的大陆板块——盘古大陆

现今地球有七块大陆，更早的6.5亿年前，相当于地质时代的埃迪卡拉纪（震旦纪）时，曾形成一次超大陆，这个大陆在1亿年后开始分裂，在泥盆纪时，由于大陆间彼此的碰撞，

↓南美洲的东海岸与西非洲的西海岸彼此吻合

约在2.45亿年前地球上的陆地又相连在一起，此时相当于地质时代的三叠纪，科学家将之称为盘古大陆。

盘古大陆，又称"超大陆""泛大陆"，是指在古生代至中生代期间形成的那一大片陆地。而这个名字是由提出大陆漂移学说的德国地质学家阿尔弗雷德·魏格纳提出的。

未来的"究极盘古"

根据现在各个板块的运动，专家推测，到2.5亿年后世界将实现大同，地球上将出现一个超级大陆——它将会在北大西洋和南大西洋的海床都隐没到北美和南美东缘的海沟之后形成。这个超大陆将会在其中央保有一个小型的洋盆，大西洋和印度洋此时已经闭合，北美洲会撞上非洲，但是是在它张裂位置还要更南边的地点，南美围绕在非洲南端，隔着巴塔哥尼亚与印度尼西亚相连，并把仅存的印

度洋也关闭了，南极洲则再一次回到南极的位置，太平洋则更加宽广，环绕了近半个地球。我们称这样一块未来的盘古大陆为"究极盘古"。

知识链接

·东非大裂谷·

有一些学者认为：炽热软流层物质的上涌是大陆分裂的基本动力。坚硬的岩石圈构成整个地球的外壳，岩石圈之下是由炽热熔融物组成的软流圈。如果软流圈上涌，就会使上面的岩石圈穹形隆起并拉伸开来；又由于温度升高，使大陆岩石圈的强度降低；最后，大陆会沿长长的断层发生破裂和陷落。比如宏伟的东非大裂谷就是一个典型。在东非大裂谷两侧，大陆岩石圈厚约100～150千米，而裂谷下的大陆岩石圈仅30～50千米，裂谷周缘的东非高原，有非洲屋脊之称。所有这些都是在炽热的上涌的软流圈作用下造成的。

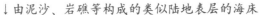
↓由泥沙、岩礁等构成的类似陆地表层的海床

地球的周期性灾难
——恐龙灭绝是个"意外"

纵观地球的生命历史，先后发生过许多次导致生命毁灭的浩劫，每次灾难都会有70%～90%的物种灭绝。对那些大大小小的生物灭绝事件进行分析，科学家们瞧出了端倪：地球好像每隔6200万年左右就会出现一次生物数量的涨落起伏。

太阳系玩"跷跷板游戏"

科学家分析，地球上的巨变往往是天象的变化导致的，地球自身的力量不可能导致全球性的巨变。目前科学家认为，地球上的生命存亡，与太阳系玩"跷跷板"有关。

研究发现，地球物种的大规模灭绝时间与太阳系偏离银河系中心的周期性有着近乎完美的巧合。科学家迈勒特说，"太阳系偏向银河系北方时，就对应着物种灭绝。"在这些周期中，地球都会受到高强度的宇宙射线袭击。当射线与地球大气摩擦时，

会产生高能粒子介子，这些介子倾泻到地球物种身上产生了有害的辐射。"宇宙射线本身并没有多么危险，它们与地球大气摩擦产生的带电粒子却可以穿透大气层，尤其是介子还可以深入到海平面以下。"科学家说，地球大气层化学成分的改变及臭氧层的损耗也会导致更多的物种变异。而且，这些带电粒子对大气的袭击还会产生大量的云层，从而导致气候变化

↓带电粒子对大气的袭击会产生大量的云层

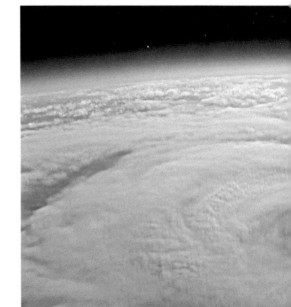

给地球物种带来灭顶之灾。

不过，研究人员也承认，他们进行的模拟试验并不能解释所有的灭绝现象。例如，恐龙的灭绝以前被认为是小行星撞击所致，不符合地球灾难周期学说。

恐龙灭绝是个"意外"

恐龙是距今6500万年以前地球上主宰。也是家喻户晓的已经灭绝了的一种生物。特别是大量恐龙化石的发现，激起了更多人的兴趣。为此"恐龙是怎么灭绝的"这一问题，也是人们最关注的问题。

人们在长期的研究中提出，地球上所发生的历次生物大灭绝，都是太阳周期性演变的结果，但是恐龙的灭绝却是个"意外"，它们的灭绝与小行星或者彗星与地球相撞造成巨大爆炸后的尘

埃遮天蔽日、长久不散有关。

科学家认为，那次撞击爆炸使所有恐龙都灭绝了。但是也有一些科学家认为，只有70%的恐龙在当时灭绝，其他的一些恐龙种类则勉强地躲过了劫难，可是在随后的几百万年里又逐渐灭绝了。这后一种说法并不是没有道理，因为在6500万年前的这次事件以后形成的地层里，仍有一些恐龙骨骼被发现。

小行星撞击理论只是科学界种种探索中的沧海一粟，那么多曾经浩浩荡荡、生气勃勃地生活在地球上的恐龙为什么一个不留地从地球上消失了，没有留下它们的后代，却为我们留下了一个难解的谜。这个谜永远激发着我们去探索、去求知。

知识链接

·史前大洪水·

地球北半球突然被来历不明的洪水包围，近千米高的洪峰，以雷霆万钧之势，咆哮着冲向陆地，吞没了平原谷地，吞没了这些地方的所有生灵。高山在波涛中颤抖，陆地在巨变中呻吟……在世界上任何一个有足够时间跨度的民族历史和传说中，都有着惊人相似的"大洪水"的传说。而且传说中的时间、地点、人物、内容都有着惊人的相似之处！近来考古学家发现的许多史前遗迹，如亚特兰第斯大陆、希腊文明及海底建筑物等等均可能因那次洪水而消失。

地球"核心"的秘密
——天然的核反应堆

人类在地球上已经生活了二三百万年，它的内部到底是个什么样子呢？有人说，如果我们向地心挖洞，把地球对直挖通，不就可以到达地球的另一端了吗？然而，这却是不可能的。因为目前世界上最深的钻孔也仅为地球半径的1/500，如果把地球比作一个鸡蛋的话，那就连鸡蛋皮也没穿透。所以人类对地球内部的认识还是很不准确的。

地震波：打开地心之门的钥匙

20世纪初，南斯拉夫地震学家莫霍洛维奇忽然醒悟：原来地震波就是我们探察地球内部的"超声波探测器"！地震波就是地震时发出的震波，它有横波和纵波两种，横波只能穿过固体物质，纵波却能在固体、液体和气体任一种物质中自由通行。通过的物质密度大，地震波的传播速度就快，物质密度小，传播速度就慢。莫霍洛维奇发现，在地下33千米的地方，地震波的传播速度猛然加快，这表明这里的物质密度很大，物质成分也与地球表面不同。地球内部这个深度，就被称为"莫霍面"。

1914年，美国地震学家古登堡发现，在地下2900千米的地方，纵波速度突然减慢，横波则消失了，这说明，这里的物质密度变小了，固体物质也没有了，地球之心在这里，只剩下了液体和气体。这个深度，就被称为"古登堡面"。

地球之心之谜终于搞清楚了：地球从外到里，被莫霍面和古登堡面分成三层，分别是地壳、地幔和地核。地壳主要是岩石；地幔主要是含有

地震波就是地震时发出的震波→

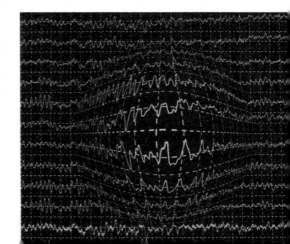

镁、铁和硅的橄榄岩；地核，也就是真正的地球之心，主要是铁和镍，那里的温度可能高达4982摄氏度。

天然的核反应堆

美国地球物理学家玛文·亨顿在他的理论中提出，地球是一个天然的巨大核电站，人类则生活在它厚厚的地壳上，而地球表面4000英里深的地方，一颗直径达5英里的由铀构成的球核正在不知疲倦地燃烧着、搅动着、反应着，并因此产生了地球磁场以及为火山和大陆板块运动提供能量的地热。

亨顿博士的理论大胆地挑战了自1940年以来在地球物理学领域一直处于支配地位的理论。传统的理论认为，地球的内核是由铁和镍构成的晶体，在向周围的液态外核放热的过程中逐渐冷却和膨胀。在这种理论模型中，放射能只是附属性的热量来源，其产生于广泛分散的同位素衰变，而非集中的核反应。

在20世纪50年代，就曾经有科学家提出假设，认为行星表面甚至内部都可能存在自然的核反应，但这种理论的第一个物理证据出现在20世纪70年代。当时法国科学家在非洲加蓬一处铀矿点发现了发生于地表的天然连锁核反应，这一核反应已经持续了数10万年，并在这一漫长的过程中消耗了数吨重的铀。

扩展阅读

·地核中可能蕴藏黄金·

澳大利亚科学家伯纳德·福特曾撰文指出，在地核中储存有非常丰富的黄金。根据他提供的研究数据，地核中黄金的总储量足以在地球表面包裹一层半米厚的金制外壳。伯纳德·福特是在对一块与地球同时形成的陨石进行分析后得出的。

科学家们在对一块偶然找到的小行星碎块进行分析后发现，它们之中重金属（主要是铁、镍、铂和金）的比重均比较大，而这种情况正好与构成行星的原始物质的组成是一致的。但是，在地壳和岩浆中这些重金属的含量均非常低。

伯纳德·福特由此得出结论，那些"缺失"的黄金和铂很可能都沉积到了地球内部。他认为，地核中集中了地球上至少99%的黄金储量。不过，这一假说现在还难以得到验证。

↑地核中可能蕴藏了大量黄金

地球外圈
——包裹地球的"外套"

对于地球外圈中的大气圈、水圈和生物圈，以及岩石圈的表面，一般用直接观测和测量的方法进行研究。这些都是我们日常生活中接触到的东西，它们就像包裹地球的"外套"一样，让我们的世界更加多姿多彩。

大气圈：人类生存不可或缺

大气圈是地球外圈中最外部的气体圈层，它包围着海洋和陆地。大气圈没有确切的上界，在2000～6000千米高空仍有稀薄的气体和基本粒子。在地下，土壤和某些岩石中也会有少量空气，它们也可认为是大气圈的一个组成部分。

众所周知，大气是地球生命的源泉。通过生物的光合作用（从大气中吸收二氧化碳，放出氧气，制造有机质），进行氧和二氧化碳的物质循环，并维持着生物的生命活动，所以没有大气就没有生物，没有生物也就没有今日的世界。地球表面的水，通过蒸发进入大气，水汽在大气中凝结以降水的形式降落地表。这个水的循环过程往复不止，所以地球上始终有水存在。如果没有大气，地球上的水就会蒸发掉，变成一个像月球那样的干燥星球。没有水分，自然界就没有生机，也就没有当今世界。

水圈：地球之蓝

水圈包括海洋、江河、湖泊、沼泽、冰川和地下水等，它是一个连续但不是很规则的圈层。从离地球数万千米的高空看地球，可以看到地球大气圈中水汽形成的白云和覆盖地球大部分的蓝色海洋，它使地球成为一颗"蓝色的行星"。其中海洋水质量约为陆地（包括河流、湖泊和表层岩石孔隙和土壤中）水的35倍。如果整个地球没有固体部分的起伏，那么全球将被深达2600米的水层所均匀覆盖。大气圈和水圈相结合，组成地表的流体系统。

生物圈：千姿百态的"生物大本营"

正是由于存在地球大气圈、地球水圈和地表的矿物，在地球上这个合适的温度条件下，才形成了适合于生物生存的自然环境。人们通常所说的生物，是指有生命的物体，包括植物、动物和微生物。据估计，现有生存的植物约有40万种，动物约有110多万种，微生物至少有10多万种。现存的生物生活在岩石圈的上层部分、大气圈的下层部分和水圈的全部，构成了地球上一个独特的圈层，称为生物圈。生物圈是太阳系所有行星中仅在地球上存在的一个独特圈层。

·地球表面的"隐形防护罩"·

地球磁场，简而言之是偶极型的，近似于把一个磁铁棒放到地球中心，使它的北极大体上对着南极而产生的磁场形状，但并不与地理上的南北极重合，存在磁偏角。当然，地球中心并没有磁铁棒，而是通过电流在导电液体核中流动的发电机效应产生磁场的。由于地球磁场能使宇宙中的高粒子偏转，因此可以保护人类免受致命的宇宙射线的伤害。同时，地球的磁场也可排斥太阳风，从而阻止地球大气被太阳吹走。否则，灾难将降临，地球家园将被毁灭，地球将成为像火星一样的不毛之地。可以说，地球强大的磁场是保护人类免于遭受外太空各种致命辐射的"隐形防护罩"。

↓地球表面的"隐形防护罩"

地球资源
——被挖空的"宝藏"

地球只有一个，它的资源并不是取之不尽、用之不竭的。所有的不可再生资源都是用一分少一分。地球已经不堪重负了。当我们意识到问题的严重性时，一场保护地球、珍惜资源的战役开始打响。

矿产资源：藏在地球的"皮肤"里

矿产资源是指经过地质成矿作用，埋藏于地下或露出于地表，并具有开发利用价值的矿物或有用元素的集合体。矿产资源是重要的自然资源，是社会生产发展的重要物质基础，现代社会人们的生产和生活都离不开矿产资源。矿产资源属于非可再生资源，其储量是有限的。目前世界已知的矿产有160多种，其中80多种应用较广泛。其中对人类最为重要的有煤矿、铁矿、石油等。

水资源：地球的生命源泉

水是人类及一切生物赖以生存的必不可少的重要物质，是工农业生产、经济发展和环境改善不可替代的极为宝贵的自然资源。地球上的水资源，从广义来说是指水圈内水量的总体，包括经人类控制并直接可供灌溉、发电、给水、航运、养殖等用途的地表水和地下水，以及江河、湖

泊、井、泉、潮汐、港湾和养殖水域等。水资源是发展国民经济不可缺少的重要自然资源。在世界许多地方，对水的需求已经超过水资源所能负荷的程度，同时有许多地区也面临水资源利用不平衡的现象。

土地资源：社会发展的"财富之母"

土地资源是指在目前的社会经济技术条件下可以被人类利用的土地，是一个由地形、气候、土壤、植被、岩石和水文等因素组成的自然综合体，也是人类过去和现在生产劳动的产物。因此，土地资源既具有自然属性，也具有社会属性，是"财富之母"。

扩展阅读

·资源紧缺·

2002年，在《中国地质科学》一篇报告中首次提出：未来20年中国石油需求缺口超过60亿吨，天然气超过2万亿立方米，钢铁缺口总量30亿吨，铜超过5000万吨，精炼铝1亿吨，即重要矿产资源的供应将是不可持续的。再有，虽然我国现有土地面积居世界第三位，但人均耕地不到世界人均水平的一半。就耕地而言，如果递减的趋势得不到有效控制，现存不到18.89亿亩耕地将骤减，人均耕地将突破联合国粮农组织确定的警戒线。还有，我国水资源总量不算少，但按人口、耕地平均，则占有水平很低，被列为世界13个贫水国家之一，耕地单位面积占有水量仅为世界平均水平的80%。珍惜资源，应从我们自身做起。

↓土地资源的存在为人类的生活提供了基础保障

神奇的世界

第二章　怪秘地带

——令人困惑的自然异景之谜

　　我们生活的世界满是奇妙，有太多等待我们去发现的事物和现象。有些现象无法解释，有些东西极其危险，而有的常常引起我们的赞叹。大自然给人类的生存提供了宝贵而丰富的资源，地球上有许多自然现象仍是一个个谜团，科学家尚无法准确解释其间的神秘，同时这些奇特的自然现象却极具魅力，释放出大自然所独有的绚丽。

美丽的极光
——太阳风与地球磁场碰撞的"火花"

极光是地球上最美丽的景色之一，自从人们发现北极光现象之后就被该现象的神秘和美丽所深深吸引。它的颜色从浅到深，从绿到红，应有尽有，它们有的像彩色纸带，有的像烟花，有的像弓，有的像窗帘……简直美丽极了。

超级"电光秀"

极光是一种大自然天文奇观，它没有固定的形态，颜色也不尽相同，颜色以绿、白、黄、蓝居多，偶尔也会呈现艳丽的粉紫色，曼妙多姿又神秘难测。极光只在高纬度地区严寒的秋冬夜晚发生，而最佳时刻则是晚上10点到凌晨2点，有些时候可持续1小时左右。

一般来说，极光的形态可分为弧状极光、带状极光、幕状极光、放射状极光等四种。在北部出现的称为北极光，在南部出现的则称为南极光。

极光最常出没在南北磁纬度67°附近的两个环状带区域内，分别称作南极光区和北极光区。人们去那里是为欣赏它那壮观景象并目睹每晚都会出现的极光奇观。如果你有机会到阿拉斯加，一定要看看那迷人的北极光，捕捉那千变万化的超级"电光秀"，您也将彻底地爱上北极光！

↓极光是由于太阳粒子流袭击高层大气气体使其激发或电离而出现的彩色发光现象

北极光的成因

长期以来，极光的成因一直众说纷纭。有人认为：它是地球外缘燃烧的大火；有人则认为，它是夕阳西沉后，天际映射出来的光芒；还有人认为，它是极圈的冰雪在白天吸收储存阳光之后，夜晚释放出来的一种能量。这天象之谜，直到人类将卫星火箭送上太空之后，才有了合理的解释。

原来，太阳释放出的高能带电粒子（也称为离子），进入太空，若是这样的离子流从太阳中发射出来，就被称为"太阳风"。地球的磁场和太阳风相互作用，一些粒子就来到地球大气的电离层。在电离层，气体粒子发生碰撞、发光，便产生了极光。

扩展阅读

·狐狸之火·

当人类第一次仰望天际惊见北极光的那一刻开始，北极光就一直是个"谜"。长久以来，人们都各自发展出了自己的极光传说，比如在芬兰，北极光则被称"狐狸之火"。古时的芬兰人相信，因为一只狐狸在白雪覆盖的山坡奔跑时，尾巴扫起晶莹闪烁的雪花一路伸展到天空中，从而形成了北极光。

彩虹的秘密
——五色石发出的彩光

　　"雨后总会看见彩虹！"还记得上一次看见彩虹是什么时候吗？它的美，令人如此向往，七种色彩架起一座梦幻的天桥，仿佛通往童话般的世界，让人心中充满了遐想……你知道彩虹是怎样形成的吗？想不想见到绚丽的火彩虹？

神话中的彩虹

　　彩虹在神话中占有一席之位，是因为它的美，以及它一直是个难以理解的现象。比如在中国神话中，女娲炼五色石补天，彩虹即五色石发出的彩光；而在民间彩虹俗称"杠吃水""龙吸水"，以前的人们认为彩虹会吸干当处的水，所以人们在彩虹来临的时候敲击锅、碗等来"吓走"彩虹。

彩虹形成的原因

　　科学对彩虹的解释是：因为阳光射到空中接近圆形的小水滴，造成色散及反射而成。阳光射入水滴时会同时以不同角度入射，在水滴内亦以不同的角度反射。当中以40～42度的反射最为强烈，造成我们所见到的彩虹。造成这种反射时，阳光进入水滴，先折射一次，然后在水滴的背面反射，最后离开水滴时再折射一次。因为水对光有色散的作

↓彩虹

←瀑布附近形成的彩虹

也可以在晴朗的天气下背对阳光在空中洒水或喷洒水雾，自己来"制造"彩虹。

绚丽的火彩虹

火彩虹是一种光学现象，是阳光透过厚厚的扁平的、横向的卷云冰晶时，发生折射引起的。要出现这种现象，大气条件必须非常完善，比如太阳必须达到一定高度，多出现在夏至前后；火彩虹并不容易观察到，也不是随处可见的，北纬55度以北和南纬55度以南就不会出现，尽管有人在北欧的高纬度山地观察到过。所以如果你足够幸运的话，一生大概可以看到1～2次火彩虹。

知识链接

·月虹·

大多数人见到过彩虹的美丽，所以彩虹对我们来说并不陌生。但是她的姊妹——月虹可就不那么普及了。月虹，是在月光下出现的彩虹，又叫黑夜彩虹、黑虹。由于是由月照所产生的虹，故通常只见于夜晚。且由于月照亮度较小的关系，月虹也通常较为朦胧，且通常出现于月亮反方向的天空。夜间虽然没有太阳，但如果有明亮的月光，大气中又有适当的云雨滴，便可形成月虹。由于月虹的出现需各种天气因素的配合，所以是非常罕见的自然现象。

用，不同波长的光的折射率有所不同，蓝光的折射角度比红光大。由于光在水滴内被反射，所以观察者看见的光谱是倒过来的，红光在最上方，其他颜色在下方。

其实，只要空气中有水滴，而阳光正在观察者的背后以低角度照射，便可能产生可以观察到的彩虹现象。彩虹最常在下午雨后刚转天晴时出现。这时空气内尘埃少而充满小水滴，天空的一边因为仍有雨云而较暗。而观察者头上或背后已没有云的遮挡而可见阳光，这样彩虹便会较容易被看到。另一个经常可见到彩虹的地方是瀑布附近。

知道了彩虹形成的原理，我们

海市蜃楼
——空中的楼台城郭

在平静无风的海面航行或在海边眺望，往往会看到空中映现出远方船舶、岛屿或城郭楼台的影像；在沙漠旅行的人有时也会突然发现，在遥远的沙漠里有一片湖水，湖畔树影摇曳，令人向往。可是当大风一起，这些景象突然消逝了。这是怎么回事呢？原来这是一种幻景，通称海市蜃楼，或简称蜃景。

海市蜃楼分上现、下现和侧现蜃景

海市蜃楼是一种因光的折射而形成的自然现象，简称蜃景，是地球上物体反射的光经大气折射而形成的虚像。平静的海面、大江江面、湖面、雪原、沙漠或戈壁等地方，偶尔会在空中或"地下"出现高大楼台、城郭、树木等幻景，称为海市蜃楼。我国山东蓬莱海面上常出现这种幻景，

古人将其归因于蛟龙之属的蜃吐气而成楼台城郭，因而得名。

蜃景常在海上、沙漠中产生。海市蜃楼是光线在延直线方向密度不同的气层中，经过折射造成的结果。蜃景的种类很多，根据它出现的位置相对于原物的方位，可以分为上蜃、下蜃和侧蜃；根据它与原物的对称关

系，可以分为正蜃、侧蜃、顺蜃和反蜃；根据颜色可以分为彩色蜃景和非彩色蜃景等等。

如何辨别"海市蜃楼"的真假

海市蜃楼是一种光学现象。沙质或石质地表热空气上升，使得光线发生折射作用，于是就产生了海市蜃楼。海市蜃楼会发生在离海岸线大约6英里（9.6千米）的沙漠地区，会使1英里（1.6千米）以外或更远的物体看起来似乎要移动。海市蜃楼使陆地导航变得非常困难，因为在海市蜃楼环境中，天然特征都变得模糊不清了。海市蜃楼会使一个人很难辨别远处的

物体，同时也会使远处视野的轮廓变得模糊不清，你感觉好像被一片水包围着，而那片区域高出来的部分看上去就像水中的"岛屿"。海市蜃楼还会使你识别目标、估计射程、发现人员等变得十分困难。不过，如果你到一个高一点的地方，如高出沙漠地面3米左右的地方，你就可以避开贴近地表的热空气，从而克服海市蜃楼幻境。总之，只要稍稍调整一下观望的高度，海市蜃楼现象就会消失，或者它的外观和高度就会发生改变。

扩展阅读

· 沙漠中的海市蜃楼给他们带来希望 ·

从前，有一个骆驼队在炎气熏人的沙漠中踟蹰前进。酷暑和干燥的天气使得旅行者疲乏不堪，皮袋中的水已经喝完了，嘴唇干得发裂，这时他们多么希望喝到一口清凉的水啊！突然，在遥远的前方沙漠间，出现了一个湖，湖的两岸高耸着官殿和寺院，给他们带来了莫大的希望和清凉的预感，于是快速朝前奔去。走过一个沙丘又一个沙丘，但湖泊、官殿和寺院仍在遥远的地方，忽暗忽亮，忽隐忽现。过了一会儿，突然湖水、官殿、寺院全部消失得无影无踪了。

←沙漠中出现的"绿洲海市蜃楼"景观

乳状积云
——颠簸的云彩

"乳状积云"是在积雨云下方形成的乳状型积云，是当下降气流里中温度较冷的空气与上升气流中温度较暖的空气相遇，而形成如同一个个袋子形状的乳状云。它可以在多个方向上延伸数百英里，每个瓦片状的云朵可以保持静态10～15分钟。美丽都是有代价的，它的出现往往预示未来可能有风暴或其他极端恶劣的天气出现。

◆ 颠簸的云彩

乳状云是自然界中罕见的自然现象，它的奇特外观让很多人看到后以为即将有大风暴或者大雷雨到来。

正常的云底都是平的，那是因为湿润的暖空气上升，受到冷却而在某个温度，往往也是在某个特定的高度凝结成小水滴。当水滴形成后，这些空气也就变成了不透光的云。然而在某些情况下，它会发展成含有大水滴或冰粒的云胞，这些大水滴及冰粒在

降落蒸发过程中，流失了大量的热，并牵引出旺盛的沉降气流。这样的云胞最可能发生在雷雨的扰流区附近，例如出现在铁砧云端的乳状云，在阳光的侧照下尤其引人注目。

乳状云还有一个更形象的名字——"颠簸的云彩"。很多人常常会将乳状云误认为是龙卷风或飓风来临的前兆。但专家们说乳状云的出现常常预示着暴风雨的降临。

◆ 专家解释乳状云的形成

物理学家帕特里克·庄说："它们是一些外观奇异的云彩。"有些科学家对乳状云的形成有不同的见解。美国国家大气研究中心物理学家丹尼尔·布里德表示，空气的浮力和对流是形成乳状云的关键。布里德说："这好像是上下颠倒的对流。"

对流就好比有浮力的气泡。以乳状云为例，在云中的空气冷却过程中，蒸发作用会引起大量负浮力，这使得缕缕云彩向下而不是像积云一样

向上移动，最终，它们看上去就像上下颠倒的气泡一样。乳状云移动平缓的原因在于它们下面的温度结构。据布里德介绍，在对流层中，温度会随高度增加而有所降低，这称为"直减率"，变化的速度必须接近于中值。

换言之，如果温暖的小气泡出现在某个区域，温度根本不会出现变化，因为没有热量进出。这是暴风雨所特有的温度结构。若没有这些外部条件，形成的云外观更加普通，不是高低不平，就是缕缕轻烟。布里德说："只要有暴风雨的地方，肯定会看到乳状云。若是没有暴风雨，你要想看到乳状云，则一定要有令云浮起所需的大气条件。"

知识链接

·重力波云层·

重力波状的云层仅产生于上升气流进入稳定的气穴。向上的气流冲量在气穴中产生连锁反应，从而形成大气层中云层的变化，改变云层动态曲线，使云层出现如同重力波一样的摆动波纹。重力波云起伏的纹理是源于空气在垂直平面的移动，比如上升气流或是雷暴形成时。上升气流使空中气涡发生改变，云的流体学特征也随之改变，当这种作用频繁的发生，不同的变化在一个梯度上积累，最终形成可见的振荡的重力波云。

↓一些乳状云看起来相当吓人，人们常常会将乳状云误认为是龙卷风或飓风来临的前兆

死亡谷的石头
——石头也会"走路"吗

在美国加利福尼亚州死亡谷有一种尚无法解释的地质现象——这里有许多巨形卵石，每块都重达7百镑以上，看上去都是自己运动到这里的，这些岩石在滑动过程中，在其身后产生了深深的"划痕"。重力原理似乎根本不起作用，科学家对此还没有做出统一的解释。

石头真的会自己"走路"吗

这种奇特的现象出现于死亡谷"跑道盆地"。这些奇特的石头的确是在地面上滑行，在死亡谷里存在着风，却不足以将这些石头吹动。虽然人们未曾实际目睹石头的真实移动，但是从现场观测来看，这种实质性移动是存在的。

在科学家发现石头移动现象之前的几天，盆地里有积水，但是很快盆地干枯结成龟裂状土层。人们可以清晰地看到泥泞时有人途经时留下的足迹，相信许多人会产生这些疑问：是否真看到石头在移动？石头是如何在地面上滑行的？它们是在水面上滑行，还是在泥泞中滑行？

令科学家颇有兴趣的是，石头滑行留下的痕迹显示在泥浆以下1英寸处存在着一个坚硬的土壤层，他们观测了死亡谷近期几次风暴中留下的其他泥浆洞，以及测量岩石滑行中陷入土壤中的深度。结果表明这些石头甚至像是在汤状泥浆表层中滑行，陷入泥浆中不超过1英寸，这将解释为什么这些石头未深陷泥浆中。

同时，科学家也指出，未有迹象表明这些石头的移动是由于陷入泥浆中"冰筏"造成的，在数英里盆地区域内泥浆干燥时的迹象显示，这里泥浆以下并不像存在着水源或冰层。而且从移动留下的痕迹来看，似乎石头的移动是在盆地中没有水时形成的。

此外还有一个奇特的现象是石头移动后土壤的堆积变化，科学家看到石头移动留下4~5英寸宽的土壤堆积，在石头移动最前方堆积着1~2英寸厚的土壤，从而显示石头移动时土壤十分松散。假设这这如果是暴风天气或其他循环风力导致的，但为什么人们从未看到如此强劲的暴风现象。

这些石头移动的痕迹很短，在土壤中留下的滑行深度并不深。但是这些移动痕迹清晰可见，却鲜有规律。奇特的是，能够清晰看到的4~5处石头移动的轨迹都是平行的。

这种石头移动现象，不可能是由于人为故意造成的，如果某人故意将这些石头移动，会在盆地表面留下足迹。此外，在此之前，曾听说过死亡谷大篮子火山口在27英里长的路线上存在着强劲风，但是在跑道盆地的风尽管强劲，却无法将石头吹动。在最近的暴风天气中未曾发现有石头出现移动。

科学家还无法给出解释

为什么死亡谷中的石头会移动呢？一些科学家的解释是，死亡谷底有着一层特殊的泥土，被雨淋过后，这层泥土便变得异常光滑。一旦刮起大风，石头便会在泥土上滑动起来，并随着风向的变化频频移动，而石块移动留下的"足迹"又非常硬结，再加上该地干旱少雨，风后的景象保留长久，石块神态各异，石轨纵横交错，便成为死亡谷中一大奇观。然而，这种解释理论不能解释不同质量的岩石能够以不同的速度并排移动，或以不同的方向移动。此外，从物理学计算也不支持以上理论，当地至少需要数百英里每小时的风速才能移动某些石头，但最终这样的风速也无法移动数百磅的石头至数百米之遥。

扩展阅读

·石头也有生命吗·

法国地理学家阿诺德勒谢和皮而艾斯可勒在对世界各地的岩石标本作了长时间研究后，得出一个很惊人的结论：石头表现出某种生命活动的迹象，尽管它可能非常缓慢。他们甚至认为石头的结构会变化，也会变老。另外，石头在某种程度也能"呼吸"：一次呼吸要花三天到两周的时间，而且它们每次的"心跳"能持续三天。通过摄影对比，他们发现石头会移动，其中一块石头在两周的时间里移了2.5厘米。因此，他们坚信石头是活着的生命。生物能源的专家玛利安娜安尼说，"我们认为世界上任何一个物体都是活的，都是受能量驱动的"，而且"石头也无例外。石头都带有一定的生命"。

世界上最低的死亡湖泊
——死海

死海位于约旦和巴勒斯坦交界，湖面海拔-422米，湖长67千米，宽18千米，面积810平方千米；盐分高达30%，为一般海水的8.6倍。它的湖岸是地球上已露出陆地的最低点，也是世界上最深的咸水湖。

死海名字的由来

死海所以叫"死海"是因为它的高盐度使鱼类无法生存于水中，但有细菌及浮游生物；因为盐度高，所以富含大量的镁、钠、钾、钙盐等矿物。也因盐水密度高，任何人皆能轻易地漂浮在死海水面，但也要注意避免海水进入眼睛或口中而造成不适。

死海的湖岸是地球上"已露出陆地"的最低点，若不考虑水文，则有另外两个陆地最低点：俄罗斯贝加尔湖最深处的湖床海拔-1181米；而地球陆地未被液态水覆盖的最低点为南极

的本特利冰河下沟谷（被冰覆盖），最深处谷底海拔-2555米。

死海形成的原因

死海水中含有很多矿物质，水分不断蒸发，矿物质沉淀下来，经年累月而成为今天最咸的咸水湖。人类对大自然奇迹的认识经历了漫长的过程，最后依靠科学才揭开了大自然的秘密。死海的形成，是由于流入死海的河水，不断蒸发、矿物质大量下沉的自然条件造成的。那么，为什么会造成这种情况呢？原因主要有两条。其一，死海一带气温很高，夏季平均可达34℃，最高达51℃，冬季也有14~17℃。气温越高，蒸发量就越大。其二，这里干燥少雨，年均降雨量只有50毫米，而蒸发量是1400毫米左右。晴天多，日照强，雨水少，补充的水量，微乎其微，死海变得越来越"稠"——沉淀在湖底的矿物质越来越多，咸度越来越大。于是，经年累月，便形成了世界上第一咸的咸水湖——死海。死海是内流湖，因此水的

唯一外流就是蒸发作用，而约旦河是唯一注入死海的河流。但近年来因约旦和以色列向约旦河取水供应灌溉及生活用途，死海水位严重受到威胁。

　　大约250万年前或稍后时期，大量河水流入该湖，淤积了厚厚的沉积物，内有页岩、泥土、沙石、岩盐和石膏。以后形成的泥土、泥灰、软白垩和石膏层落在沙土和沙砾层之上。由于在最近1万年中，水蒸发的速度比降水补充的速度快，该湖逐渐缩减至目前的大小。在此过程中，露出了1.6～6.4千米厚的覆盖死海湖谷的沉积物。

　　利桑半岛和塞多姆山，历史上称作所多玛山，是由地壳运动产生的地层。塞多姆山的陡峭悬崖高耸在西南岸上。利桑半岛由泥土、泥灰、软白垩和石膏层形成，隔层中夹有沙土和沙砾。利桑半岛和死海湖谷西侧类似物质形成的湖底向东部下降。据猜测，是塞多姆山和利桑半岛地势上升，形成了死海南部的急斜面。板块之间的运动使得地表形成断层，使得死海形成。随后死海的水冲过这一急斜面的西半部，淹没死海目前较浅的南端。

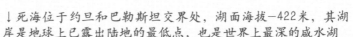
扩展阅读

·死海会"死"吗·

　　死海是内流湖，水的唯一外流途径就是蒸发作用，而约旦河是唯一注入死海的河流，因此约旦河河水流入水量与蒸发水量决定了死海的水位。但近年来因约旦和以色列向约旦河取水供应灌溉及生活用途，死海水位受到严重的威胁，水面已经每年减少1米，2006年时海拔−418米，2007年时更低到了海拔−420米，面积几乎比50年前少了二分之一，拯救死海水位的计划众多，其中包括建造运河将死海与地中海或与红海沟通，以便稳定死海水位，但因许多重大的困难和经济、中东政治问题而尚未达成协议。2009年10月，约旦表示计划于2010年单方面展开约旦国家红海水务发展计划，经海水化淡程序后剩余的含盐废水，会经隧道输入死海，有望解决死海干涸问题，但当中仍存在各种生态危机。

↓死海位于约旦和巴勒斯坦交界处，湖面海拔−422米，其湖岸是地球上已露出陆地的最低点，也是世界上最深的咸水湖

地球的神秘地带
——北纬30°

地球至今仍有无数未被人类所认知的秘密，而其中北纬30°堪称一条神秘而又奇特的纬线。在这条独特的纬线上，贯穿有四大文明古国，神秘的百慕大三角洲，著名的埃及金字塔，世界最高峰珠穆朗玛峰等等诸多独特的奇特自然及人文现象，并且这个地带是全球火山和地震最为频繁的地区之一，我国西藏和印度北部都是地震多发区，在大洋彼岸的美国西海岸也是如此。

北纬30°的神秘色彩

沿着北纬30°线，天地为我们打开了地球所有的记忆大门。从地理布局大致看来，这里既有地球山脉的最高峰珠穆朗玛峰，又有海底最深处马里亚纳海沟。世界几大河流——埃及的尼罗河、伊拉克的幼发拉底河、中国的长江、美国的密西西比河，均是在这一纬度线入海。同时，这里也是世界上许多著名的自然及文明之谜所在地：古埃及金字塔群，狮身人面像，北非撒哈拉沙漠的"火神火种"壁画，死海，巴比伦的"空中花园"，令人惊恐万状的"百慕大三角区"，远古玛雅文明遗址……

而沿着北纬30°线寻觅，我们不能不提到距今12000年前于"悲惨的一昼夜"间沉没于海中的亚特兰特提斯岛，也就是常说的大西洲。传说中沉没的大西洲位于大西洋中心左右。大西洲文明的核心是亚特兰特提斯岛，岛上有宫殿和奉祝守护神波塞冬的壮丽神殿，所有建筑物都以当地开凿的白、黑、红色的石头建造，美丽壮观。首都波塞多尼亚的四周建有双层环状陆地和三层环状运河。在两处环状的陆地上还有冷泉和温泉，除此之外，岛上还建有造船厂、赛马场、兵舍、体育馆和公园等等。这座理想之都从此成为众人心目中永世向往的神圣乐土。随着考古发掘工作的逐步深入，英国学者史考特·艾利欧德指出，亚特兰特提斯在当时已达文明的巅峰期。

另外，古埃及的许多习俗，都可以在古代墨西哥找到奇异的"记忆"。在玛雅人的陵墓壁画中，可轻易找到与古埃及王陵近似的图案。这样的"巧合"不胜枚举。我们完全有理由相信，这两个地区的文化和习俗之间，一定存在着某种必然的联系，这个联系绝不是简单的模仿或重复。由于它们相距十分遥远，我们至今没有找到他们直接交往的任何有力证据，而且它们还处在不同的历史时代。但我们有理由相信：它们之间的一系列"巧合"，更像是远古时代遗留下的"记忆"！这一系列都为北纬30°增添了神秘色彩。

部分科学家的相关解释 ➡

部分地球物理学家们认为，沿着北纬30°发生的种种神秘现象的起因缘于地球内部，可能是地球磁场、重力场和电场以及其他物理量的差异所致。并且，地质学家们更多地注意到全球规模的地壳运动的影响，在第三纪初期（大约4000万年前），青藏高原的大部分还是一片汪洋大海，古印度大陆在大海南部遥遥相望，在板块运动作用下，古印度大陆开始向北漂移，最终拼贴在欧亚大陆上，经过几百万年的拼贴过程，原来的汪洋大海全部消失，古印度大陆向欧亚大陆的下部挤压俯冲，致使青藏高原隆起，喜马拉雅地区褶皱成为山系，这一宏伟的过程直到今天还在继续。地质学家们认为，青藏高原目前正以每年几毫米至十毫米的速率上升，全球地壳的厚度平均为35千米，而青藏高原的地壳厚度达70千米，这就意味着青藏高原及其

↓因海底板块的强烈运动而引发的海啸

↑神秘的百慕大三角区

周边地区将成为全球构造形变最为复杂、地壳运动最为剧烈的地区。

其实，在漫长的地球发展史中，海陆格局并不是今天的样子，最初只有一块巨大的泛大陆，称之为冈瓦纳古陆，后来，冈瓦纳古陆逐渐解体，分裂成几块大陆，随之又发生了大陆漂移。地壳运动并不仅仅局限于水平运动，在现代大洋中，新生的地壳（洋壳）不断生成，地幔物质从地球深部不断地涌出，海底的火山和地震活动非常频繁，不难理解，处在印度洋板块与欧亚板块相撞部位的青藏高原为什么成为全球火山活动最为活跃的地区之一。而青藏高原正好处在北纬30°地区，沿着青藏高原向东西方向延伸，北纬30°就成了地球的脐带，是整个地球最敏感和复杂的地带。在这个地带，复杂的地壳运动影响了地球磁场、重力场和电场的变化，也必然会给人类社会带来巨大的影响。

知识链接

发生在北纬30°的神秘事件

闻名于世的百慕大三角区，自从16世纪以来，这片神秘的海域共失踪了数以百计的船只和飞机。二战时期，在川藏这条北纬30°线上，美军共损失468架军用飞机。2008年5月12日发生的四川省汶川县8.0级大地震震中也在北纬31°，离30°很近，震及30°的地方均被破坏……

神奇的世界

第三章　山野之秘

——人"神"莫辨的山海奇观

　　地球是人类赖以生存的星球，也是一块古老而充满生机的土地。由于地理纬度、海陆分布和地形等原因的影响，地球产生了许多奇特的、令人叹为观止的自然奇景。大自然的创造力远远超出人类的想象。从人们发现大自然起，它就不停地用鬼斧神工的山川、举世无双的河湖、浑然天成的奇景冲击着人类的视觉，扩展着人类原有的想象空间。

科罗拉多大峡谷
——地球上最大的裂缝

科罗拉多大峡谷位于美国西部亚利桑那州西北部的凯巴布高原上，大峡谷全长446千米，平均宽度16千米，最大深度1740米，平均谷深1600米，总面积2724平方千米。由于科罗拉多河穿流其中，故又名科罗拉多大峡谷，它是被联合国教科文组织选为受保护的天然遗产之一，也是一处举世闻名的自然奇观。

匍匐于凯巴布高原上的"巨蟒"

科罗拉多大峡谷的形状极不规则，大致呈东西走向，蜿蜒曲折，像一条桀骜不驯的巨蟒，匍匐于凯巴布高原之上。它的宽度在6～25千米之间，峡谷两岸北高南低，平均谷深1600米，谷底宽度762米。科罗拉多河在谷底汹涌向前，形成两山壁立、一水中流的壮观，其雄伟的地貌，浩瀚的气魄，慑人的神态，奇突的景色，举世无双。1903年，美国总统西

奥多·罗斯福来此游览时，曾感叹地说："大峡谷使我充满了敬畏，它无可比拟，无法形容，在这辽阔的世界上，绝无仅有。"有人说，在太空唯一可用肉眼看到的自然景观就是科罗拉多大峡谷。

科罗拉多大峡谷谷底宽度在200~29000米之间。早在5000年前，就有土著美洲印第安人在这里居住。大峡谷岩石是一幅地质画卷，反映了不

↓科罗拉多州的落基山

地球的秘密

同的地质时期，它在阳光的照耀下变幻着不同的颜色，魔幻般的色彩吸引了全世界无数旅游者的目光。由于人们从谷壁可以观察到从古生代至新生代的各个时期的地层，因而被誉为一部"活的地质教科书"。

科罗拉多河刻凿出的 "峡谷之王"

科罗拉多大峡谷是科罗拉多河的杰作。

科罗拉多河发源于科罗拉多州的落基山，洪流奔泻，经犹他州、亚利桑那州，由加利福尼亚州的加利福尼亚湾入海。全长2320千米。"科罗拉多"，在西班牙语中，意为"红河"，这是由于河中夹带大量泥沙，河水常显红色，故有此名。

科罗拉多河不舍昼夜地向前奔流，有时开山劈道，有时让路回流，在主流与支流的上游就已刻凿出黑峡谷、

峡谷地、格伦峡谷，布鲁斯峡谷等19个峡谷，而最后流经亚利桑那州多岩的凯巴布高原时，更出现惊人之笔，形成了这个大峡谷奇观，而成为这条水系所有峡谷中的"峡谷之王"。

扩展阅读

·科罗拉多大峡谷是怎样被世人发现的·

大峡谷的天然奇景为人所知，应归功于美国独臂炮兵少校鲍威尔的宣传。他于1869年率领一支远征队，乘小船从未经勘探的科罗拉多河上游一直航行到大峡谷谷底，他将一路上惊险万状的经历，写成游记，广为流传，从而引起美国朝野的注意，并于1919年建立了大峡谷国家公园。大峡谷现每年接待300多万游客。游人可步行或骑上驴子，循小径深入谷底寻幽探险，或乘坐皮筏在科罗拉多河的急流险滩上亲历惊险的乐趣，或者坐上观景航班飞机，从空中俯瞰大峡谷雄姿。

↓科罗拉多大峡谷风貌

珠穆朗玛峰
——世界之巅

珠穆朗玛峰，简称珠峰，又意译作圣母峰，位于中华人民共和国和尼泊尔交界的喜马拉雅山脉之上，终年积雪。是亚洲和世界第一高峰。

登山家心目中的"圣殿"

珠穆朗玛峰山体呈巨型金字塔

状，威武雄壮昂首天外，地形极端险峻，环境非常复杂。在它周围20千米的范围内，群峰林立，山峦叠嶂。仅海拔7000米以上的高峰就有40多座，形成了群峰来朝、峰头汹涌的波澜壮阔的场面。

珠穆朗玛峰海拔8844.43米，巍然屹立在莽莽喜马拉雅山脉的最高处，常年覆盖着冰雪。它那金字塔形的峰体，在百千米之外就清晰可见，给人以肃穆和神圣的感觉。珠穆朗玛峰以

↓珠穆朗玛峰常年被积雪覆盖

其地球之巅的美誉，成为世界各国（地区）登山家心目中的"圣殿"，是每一个登山家的终生夙愿。

"喜怒无常"的气候

珠穆朗玛峰地区及其附近高峰的气候复杂多变，即使在一天之内，也往往变化莫测，更不用说一年四季之内的翻云覆雨。大体来说，每年6月初至9月中旬为雨季，强烈的东南季风造成暴雨频繁、云雾弥漫、冰雪肆虐无常的恶劣气候。11月中旬至翌年2月中旬，因受强劲的西北寒流控制，气温可达-60℃，平均气温在-40℃至-50℃之间，最大风速可达90/米。每年3月初至5月末，这里是风季过渡至雨季的春季。9月初至10月末是雨季过渡至风季的秋季。在此期间，有可能出现较好的天气，是登山的最佳季节。

仍在不断上升之中

珠穆朗玛峰所在的喜马拉雅山地区原是一片海洋，在漫长的地质年代，从陆地上冲刷来大量的碎石和泥沙，堆积在喜马拉雅山地区，形成了这里厚达3万米以上的海相沉积岩层。以后，由于强烈的造山运动，使喜马拉雅山地区受挤压而猛烈抬升，据测算，平均每一万年大约升高20~30米，直至今日，喜马拉雅山区仍处在不断上升之中。

知识链接

·世界上第一位登上珠穆朗玛峰的人·

新西兰登山运动员埃德蒙·希拉里以及他的尼泊尔舍巴人向导坦新成为首次征服世界最高峰珠穆朗玛峰的人。在此之前，这座世界最高峰曾有9次留下了人类的足迹（其中一次是1929年运气不佳致使全军覆没的马洛里·埃文远征军），但均未成功地征服峰顶。他们两人于1953年5月29日上午11点到达海拔8844.43米的珠峰之顶。他们在顶峰仅停留了15分钟，坦新在顶峰插上英国、尼泊尔、印度及联合国的旗帜。

↓喜马拉雅山脉

维多利亚瀑布
——"咆哮的云雾"

当你看到那些美得让人窒息的瀑布，看着水滴在阳光照耀下形成的一道道彩虹；当你站在那些大自然赋予我们的叹为观止的奇观前面，听着瀑布声如同雷鸣……大自然的强大威力和瀑布的恢弘之美必定让你沉醉。

"咆哮的云雾"

维多利亚瀑布位于非洲三比西河的中游，赞比亚与津巴布韦之间，宽约1.7千米，高约128米，是世界著名瀑布奇观之一。

维多利亚瀑布的年平均流量约935立方米/秒。广阔的赞比西河在流抵瀑布之前，舒缓地流动在宽浅的玄武岩河床上，然后突然从约50米（150英尺）的陡崖上跌入深邃的峡谷。主瀑布被河间岩岛分割成数股，浪花溅起达300米。每逢新月升起，水雾中映出光彩夺目的月虹，景色十分迷人。

当赞比西河河水充盈时，每秒7500立方米的水汹涌越过维多利亚瀑布。水量如此之大，且下冲力如此之强，以至引起水花飞溅，40千米之外均可以看到。维多利亚瀑布的当地名字是"莫西奥图尼亚"，可译为"轰轰作响的烟雾"或者"咆哮的云雾"。彩虹经常在飞溅的水花中闪烁，它能上升到305米的高度。离瀑布40至65千米处，人们可看到升入300米高空如云般的水雾。

维多利亚瀑布的形成

传说，在很久以前，维多利亚瀑布的深潭下面，每天都会出现一群如花似玉的姑娘，她们会日夜不停地敲打着非洲特有的金鼓，当金鼓的咚咚声从水下传出时，瀑布就会传出震天的轰鸣声。不一会儿，姑娘们浮出水面，她们身穿的五彩衣裳在太阳的照射下，散发出金光反射到天空，人们就能在几十千米外看到美丽的彩虹。她们曼妙的舞姿搅动着池水，变成水花形成漫天的云雾。

　　现在，如果游客站在瀑布对面的悬崖边上，手中的手帕都会被瀑布溅下的水花打湿。如此壮观美丽的维多利瀑布是怎么形成的呢？

　　维多利亚瀑布的形成，是由于一条深邃的岩石断裂谷正好横切赞比西河。断裂谷由1.5亿年以前的地壳运动所引起。维多利亚瀑布最宽处达1690米。河流跌落处的悬崖对面又是一道悬崖，两者相隔仅75米。两道悬崖之间是狭窄的峡谷，水在这里形成一个名为"沸腾锅"的巨大旋涡，然后顺着72千米长的峡谷流去。

↓赞比西河裂谷的维多利亚瀑布

第三章　山野之秘——人「神」莫辨的山海奇观

扩展阅读

·魔鬼池·

　　魔鬼池号称全世界最危险的天然游泳池，它处在利文斯敦岛的悬崖边，同时也是维多利亚瀑布的边缘，旁边就是100多米的深谷。在干旱季节，水流相对平缓，也相对地比较安全，但不代表不够刺激，只有胆子够大的才敢下水。前往魔鬼池必须徒步3小时，并且跳过一个个岩石以避开危险的激流，若失足，就会被冲下瀑布。据说，曾居住在瀑布附近的科鲁鲁人从不敢走近它。邻近的东加族更视它为神物，把彩虹视为神的化身，他们经常在瀑布东边接近太阳的地方举行宰杀黑牛仪式来祭神。

贝加尔湖
——世界最深最古老的湖

贝加尔湖是大自然安放在俄罗斯东南部伊尔库茨克州的一颗璀璨的明珠，它的形状像一弯新月，所以又有"月亮湖"之称。湖上景色奇丽，令人流连忘返。俄国大作家契诃夫曾描写道："湖水清澈透明，透过水面就像透过空气一样，一切都历历在目，温柔碧绿的水色令人赏心悦目……"

❖ "月亮湖"的风采

贝加尔湖湖型狭长弯曲，宛如一弯新月，所以又有"月亮湖"之称。它全长636千米，平均宽度为48千米，最宽处79.4千米，面积3.15万平方千米，平均深度744米，最深点1642米，湖面海拔456米。贝加尔湖湖水澄澈清冽，且稳定透明（透明度达40.8米），

为世界第二。其总蓄水量23600立方千米，相当于北美洲五大湖蓄水量的总和，约占地表不冻淡水资源总量的1/5。假设贝加尔湖是世界上唯一的水源，其水量也够50亿人用半个世纪。贝加尔湖就其面积而言只居全球第九位，却是世界上最古老的湖泊之一（据考其历史已有2500万年）。贝加尔湖容积巨大的秘密还在于深度。如果在这个湖底最深点把世界上4幢最高的建筑物一幢一幢地叠起来，第四幢屋顶上的电视天线杆仍然在湖面以下58米，如果我们把高大的泰山放入湖中的最深处，山顶距水面还有100米。

❖ 天然"空调机"

贝加尔湖周围地区的冬季气温，平均为—38℃，确实很冷，不过每年1~5月，湖面封冻，放出潜热，将减轻冬季的酷寒；夏季湖水解冻，大量

吸热，降低了炎热程度，因而有人说，贝加尔湖是一个天然双向的巨型"空调机"，对湖滨地区的气候起着调节作用。一年之中，尽管贝加尔湖面有5个月结起60厘米厚的冰，但阳光却能够透过冰层，将热能输入湖中形成"温室效应"，使冬季湖水接近夏天水温，有利于浮游生物繁殖，从而直接或间接为其他各类水生动物提供食物，促进它们的发育生长。据水下自动测温计测定，冬季贝加尔湖的底部水温至少有－4.4℃，比湖的表面水温高。贝加尔湖可调节湖滨的大陆性气候。

知识链接

·贝加尔湖畔的"圣石"传说·

在贝加尔湖水向北流入安加拉河的出口处有一块巨大的圆石，人称"圣石"。当涨水时，圆石宛若滚动之状。相传很久以前，湖边居住着一位名叫贝加尔的勇士，膝下有一美貌的独女安加拉。贝加尔对女儿十分疼爱，又管束极严。有一日，飞来的海鸥告诉安加拉，有位名叫叶尼塞的青年非常勤劳勇敢，安加拉的爱慕之心油然而生，但贝加尔断然不许，安加拉只好乘其父熟睡时悄悄出走。贝加尔猛醒后，追之不及，便投下巨石，以为能挡住女儿的去路，可女儿已经远远离去，投入了叶尼塞的怀抱。这块巨石从此就屹立在湖的中间。

↓贝加尔湖的湖水清澈透明

黄石公园
——"世外桃源"

黄石国家公园位于美国西部北落基山和中落基山之间的熔岩高原上，绝大部分处在怀俄明州的西北部。海拔2134～2438米，面积8956平方千米。黄石河、黄石湖纵贯其中，有峡谷、瀑布、温泉以及间歇喷泉等，景色秀丽，引人入胜。其中尤以每小时喷水一次的"老实泉"最著名。园内森林茂密，还牧养了一些残存的野生动物如美洲野牛等，供人观赏。园内设有历史古迹博物馆……简直就是一个"世外桃源"！

↓黄石公园

狮群喷泉

黄石国家公园自然景观分为五大区，即玛默区、罗斯福区、峡谷区、间歇泉区和湖泊区。五个景区各具特色，但有一个共同的特色——地热奇观。公园内有温泉3000处，其中间歇泉300处，许多喷水高度超过30米，"狮群喷泉"由四个喷泉组成，水柱喷出前发出像狮吼的声音，接着水柱射向空中；"蓝宝石喷泉"水色碧蓝；最著名的"老实泉"因很有规律地喷水而得名。从它被发现到现在

地球的秘密

↑黄石老实喷泉

属于另一个世界的景观

正如人们所熟知，黄石以数量繁多的热喷泉、大小间歇的喷泉地貌、绚丽多彩的高山、岩石、峡谷、河流，种类繁多的野生动物闻名于世。这是地热活动的温床，有一万多个地热风貌特征；落基山脉给这片领地创造了无数秀丽的山峦、河流、瀑布、峡谷，其石灰岩的结构又让大地添上美丽多姿的颜色；无数的野生动物赋予它生生不息的生命，这里是怀俄明兽群的故乡，也是北美洲乃至全世界陆地最大的、种类最繁多的哺乳动物栖息地。

一位美国探险家曾经这样形容黄石公园："在不同的国家里，无论风光、植被有多么大的差异，但大地母亲总是那样熟悉、亲切、永恒不变。可是在这里，大地的变化太大了，仿佛这是一片属于另一个世界的地方。……地球仿佛在这里考验着自己无穷无尽的创造力。"

↓黄石公园下瀑布

的100多年间，每隔33～93分钟喷发一次，每次喷发持续四五分钟，水柱高40多米，从不间断。园内道路总长500多英里，小径总长1000多英里，黄石湖、肖肖尼湖、斯内克河和黄石河分布其间。公园四周被卡斯特、肖肖尼、蒂顿、塔伊，比佛黑德和加拉廷国有森林环绕。黄石公园它那由水与火锤炼而成的大地原始景观被人们称为"地球表面上最精彩、最壮观的美景"，描述成"已超乎人类艺术所能达到的极限"。

↑黄石公园峡谷风貌

今，黄石公园部分地区的地面已经上升了70厘米。科学家们警告称，黄石火山或许已经进入活跃期，据模拟分析显示，一旦该火山喷发将导致灾难性后果。

很多年来，黄石国家公园的游客们根本没有意识到自己看到的是世界上最大的活火山。所有这些温泉、间歇泉和蒸气孔都需要巨大的地核熔岩能量来维持，在黄石公园熔岩散发出的热量已经非常接近地表。专家表示，黄石火山喷发周期为60~80万年，而如今距离上次喷发时间已经有64.2万年了，这座世界上最大的超级活火山已经进入了红色预警状态，就算在不受外力（指太阳活动以及人工钻探）的情况下它也随时可能喷发。

黄石火山——世界第一"超级火山"

黄石火山位于美国中西部怀俄明州西北方向，占地近9000平方千米，以黄石湖西边的西拇指为中心，向东向西各15英里，向南向北各50英里，构成一个巨大的火山口。在这个火山口下面蕴藏着一个直径约为70千米、厚度约为10千米的岩浆库，这个巨大的岩浆库距离地面最近处仅为8千米，并且还在不断地膨胀，从1923年至

扩展阅读

·如果黄石火山爆发·

英国科学家曾用计算机进行了模拟演示，一旦黄石公园内的超级火山爆发，在三四天内大量的火山灰就会抵达欧洲大陆，而美国3/4的国土可能将"面目全非"。火山爆发周围1000千米内90%的人都将无法幸免于难，其中大部分人都会因为吸入的火山灰在肺部固化而死亡。飘荡在天空中的火山灰将会使地球的年平均气温下降10℃，地球北极则会下降12℃，这样的寒冷气候至少会持续6至10年之久。

冰河弯
——"冰雪幻境"

冰河湾形成于4000年前的小冰河时期，数千年后冰河不断向前推进，并在1750年时达到鼎盛，然而自此之后冰河却开始融化后退。从近乎垂直的冰崖所崩裂下来的冰山，点缀在冰河湾上，天气好的时候每每受到阳光的照拂，形成了海上晶莹的冰体，仿佛童话世界里的"冰雪幻境"。

中。根据碑文的记载，冰河湾国家公园最引人入胜的景观之一就是巨大海湾中活动着的冰河。

缪尔是第一个仔细研究冰河的科学家。1879年，他曾经攀登过高耸入云的费尔韦瑟峰。他描述道："翼状的云层环绕群峰，阳光透过云层边缘，洒落在峡湾碧水和广阔的冰原上""黎明景色非凡美丽，山峰上似有红色火焰在燃烧。"陶醉其中的缪尔写道，"那五彩斑斓的万道霞光渐渐消退了，变成了淡淡的黄色与浅

走入童话般的"冰雪幻境"

冰河湾国家公园坐落在美国阿拉斯加州和加拿大交界处，距旧纽西50英里，占地330万公顷，围绕在陡峭的群山中，只能乘船或飞机到达。那里有无数的冰山、各类鲸鱼和因纽特人的皮划舟。到达冰河湾的游人在只能居住在帐篷中或在乡村田舍

↓冰河湾国家公园中的阿拉斯加湾

白。"如此美景至今仍可看到。自缪尔探险时代之后，冰河沿海湾向北移动了很远，这种现象在北半球其他地方也曾被发现。

整个冰河湾国家公园包含了18处冰河、12处海岸冰河地形，包括沿着阿拉斯加湾和利陶亚海湾的公园西缘。几个位置遥远，且罕有观光客参观的冰河，都属于冰河湾国家公园所有。

缪尔冰川

1794年，英国航海家温哥华乘"发现"号来到艾西海峡时，还没有冰河湾。他所看到的只是一条巨大的冰川的尽头——一堵16千米长、100米高的冰墙。但是85年后美国博物学家缪尔来到此地，发现的是一个广阔的海湾。冰川已向陆地缩回了77千米。冰川一直都在移动、融化……现在，在冰河湾国家公园里，冰蚀的峡湾沿着两岸茂密的森林，伸入内陆100千米，尽头是裸露的岩石，或是从美加边境山脉流下的16条冰川中的某一条。高高的山峰远远耸立在地平线上，俯视这片哺育冰川的冰雪大地，其中最高峰是海拔4670米的费尔韦瑟峰。

缪尔冰川，位于冰河湾内，在阿拉斯加北端突出的地方，是以科学家缪尔的名字命名的。狭长的冰川湾伸入内陆约105千米，边缘地带还有更多的小湾（其实这是由冰川所刻凿出来的），这些小湾多是遽然而起的冰壁，而这冰壁即为自山坡延伸至海岸的冰山鼻。自1982年以来，缪尔冰川后退速度很快。随着冰川的后退，植物很快地代替冰川，而覆盖了地表。除冰川外，冰川内的野生动物也深深吸引着各地的游客。

知识链接

冰河湾特有动物——白头海雕

白头海雕又叫秃鹰、白头鹫，生活在北美洲的西北海岸线，常见于内陆江河和大湖附近，是世界珍禽之一。幼雕的羽毛是全白的，长大时褐色羽毛覆盖到只余下头部，所以从远处观看它们的头好像是秃的，但事实上它们的头一点也不秃。白头海雕虽然外貌美丽，但性情凶猛，体长近1米，展翅宽约2米，有"百鸟之王"的美誉。白头海雕飞行能力很强，在阿拉斯加冰河湾国家公园内的峡湾两岸的森林亦可看到它的身影。它们经常在半空中向一些较小的鸟发起攻击，夺取它们的食物。被攻击的鸟都往往会屈服，将食物扔掉，使白头海雕非常轻易地得到美餐。白头海雕也靠捕食鱼虾为生，也能吃海边的大型鱼类的尸体。

巨人之路
——屹立在大海之滨的"天然阶梯"

山依海势，海借山景，位于北爱尔兰贝尔法斯特西北约80千米处大西洋海岸的"巨人之路"，是由数万根大小均匀的玄武岩石柱聚集成一条绵延数千米的"天然阶梯"，被视为世界自然奇迹。

奇特的石柱

在英国北爱尔兰的安特里姆平原边缘的岬角，沿着海岸悬崖的山脚下，大约有3.7万多根六边形或五边形、四边形的石柱组成的贾恩茨考斯韦角从大海中伸出来，从峭壁伸至海面，屹立在大海之滨。它被称为"巨人之路"。

巨人之路海岸包括低潮区、峭壁以及通向峭壁顶端的道路和一块高地。峭壁平均高度为100米。巨人之路是这条海岸线上最具特色的地方。这37000多根大小均匀的玄武岩石柱聚集成一条绵延数千米的堤道，形状很规则，看起来好像是人工凿成的。大量的玄武岩柱石排列在一起，形成壮观的玄武岩石柱林。它们以井然有序、美轮美奂的造型，磅礴的气势令人叹为观止。

组成巨人之路的石柱横截面宽度在37~51厘米之间，典型宽度约为0.45米，延续约6000米长。岬角最宽处宽约12米，最窄处仅有3~4米，这也是

↓北爱尔兰安特里姆郡的巨人堤道风景

↑北爱尔兰巨人之路的玄武岩排列

石柱最高的地方。在这里，有的石柱高出海面6米以上，最高者可达12米左右。也有的石柱隐没于水下或与海面一般高。

站在一些比较矮小的石块上，可以看到它们的截面都是很规则的正多边形。不同石柱的形状具有形象化的名称，如"烟囱管帽""大酒钵"和"夫人的扇子"等。

"巨人之路"的传说

巨人之路又被称为巨人堤，这个名字起源于爱尔兰的民间传说。相传远古时代爱尔兰巨人芬·麦克库尔要与苏格兰巨人芬·盖尔决斗。为此，麦克库尔历尽艰辛开凿石柱，并把它们移到海底，铺成通向苏格兰的堤道。大功告成后，他回家睡觉，准备养精蓄锐后跨堤去攻打盖尔。此时，盖尔却捷足先登来跨堤察看敌情，他见到沉睡中的麦克库尔身躯如此巨大，不由暗暗吃惊。而麦克库尔的妻子急中生智，诡称沉睡巨人是她初生的婴儿，盖尔听了更为惊恐，"孩子如此巨大，其父该是怎样的庞然大物？"他吓得撤回苏格兰，并捣毁了其身后的堤道，只剩一段残留的堤道屹立在爱尔兰海边。

火山熔岩的结晶

美丽的传说仍在传诵，但是这道通向大海的巨大天然阶梯之谜，被地质学家们揭开了谜底，原来它是由火山熔岩的多次溢出结晶而成，独特的玄武岩石柱之间有极细小的裂缝，地质学家称之为"节理"，熔岩爆裂时所产生的节理一般具有垂直延伸的特点，在沿节理流动的水流的作用下，久而久之形成这种聚集在一起的多边形石柱群，加上海浪冲蚀，将之在不同高度处截断，便呈现出高低参差的石柱林地貌。

知识链接

·巨人之路面临的威胁·

由于全球变暖导致海平面上升，巨人之路这一世界遗产正在面临威胁。专家预测到21世纪末，海平面将上升一米，而更严重的是随之而来的海浪和风暴将更加猛烈地袭击巨人之路，在2050年到2080年，巨人石道上的石块将变得更加陡峭，到22世纪初，人们将难以见到部分巨人石道上的独特景观。

乞力马扎罗山
——赤道的雪峰

"乞力马扎罗"在非洲斯瓦希里语中，意即"光明之山"。乞力马扎罗山素有"非洲屋脊"和"赤道的雪峰"之称，而许多地理学家则喜欢称它为"非洲之王"。

非洲之冠

乞力马扎罗山位于东非大裂谷以南约160千米，是非洲最高的山。根据气候的山地垂直分布规律，乞力马扎罗山基本气候，由山脚向上至山顶，分别是由热带雨林气候至冰原气候。风景包括赤道至两极的基本植被。因为位于赤道附近所以植被从热带雨林开始。气候分布属于非地带性分布，因此乞力马扎罗山多容易形成地形雨，给它带来丰富降水。

在海拔1000米以下为热带雨林带，1000～2000米间为亚热带常绿阔叶林带，2000～3000米间为温带森林带，3000～4000米为高山草甸带，4000～5200米为高山寒漠带，5200米以上为积雪冰川带。因全球气候变暖和环境恶化，近年来，乞力马扎罗山顶的积雪融化，冰川退缩非常严重，乞力马扎罗山"雪冠"一度消失。如果情况持续恶化，15年后乞力马扎罗山上的冰盖将不复存在。援引联合国的报告说，乞力马扎罗山的冰盖将随着全球气候变暖而融化，在15年后完全消失。违法的伐木业、木炭生产业、采石业及森林火灾，都加剧了冰盖的融化。而乞力马扎罗冰川消失将

↓赤道阔叶林景观

对这个地区的生态系统带来严重破坏。据有关研究报告称，气候变暖导致乞力马扎罗山的冰川体积过去100年间减少了将近80%，造成附近居民的饮用水供应减少。

赤道雪峰

非洲最高峰乞力马扎罗山享有"非洲屋脊"美誉。早在150多年前，西方人一直否认非洲的赤道旁会有雪山存在。1848年，一位名叫雷布曼的德国传教士来到东非，偶然发现赤道雪峰的奇景，回国后写了一篇游记，发表在一家刊物上，详细介绍了自己的所见所闻。然而，连雷布曼自己也没有想到，就是这篇文章给他带来了无穷无尽的麻烦，众人指责他在无中生有地宣传异端邪教，怀有不可告人的目的，使这位传教士备受冤枉。1861年，又有一批西方的传教士、探险者来到非洲，亲眼目睹赤道旁边的这座峰顶积雪的高山，并拍下了照片，西方人开始相信雷布曼所讲的事实，从而结束了对他长达13年的指责。尽管后来仍然有人否认非洲赤道旁会有雪峰，但赤道雪峰的存在至少已有数万年的历史。

被誉为"赤道雪峰"的乞力马扎罗山位于赤道附近的坦桑尼亚东北部。在赤道附近"冒"出这一晶莹的冰雪世界，世人称奇。酷热的日子里，从远处望去，蓝色的山基赏心悦目，而白雪皑皑的山顶似乎在空中盘旋。常伸展到雪线以下飘渺的云雾，增加了这种幻觉。山麓的气温有时高达59℃，而峰顶的气温又常在零下34℃，故有"赤道雪峰"之称。在过去的几个世纪里，乞力马扎罗山一直是一座神秘而迷人的山——很少有人相信在赤道附近居然有这样一座覆盖着白雪的山。

坦桑骄子

乞力马扎罗山是坦桑尼亚人心中的骄傲，他们把自己看作草原之帆下的子民。据传，在很久很久以前，天神降临到这座高耸入云的高山，以便在高山之巅俯视和赐福他的子民们。盘踞在山中的妖魔鬼怪为了赶走天神，在山腹内部点起了一把大火，滚烫的熔岩随着熊熊烈火喷涌而出。妖魔的举动激怒了天神，他呼来了雷鸣闪电瓢泼大雨把大火扑灭，又召来了飞雪冰雹把冒着烟的山口填满，这就是今天看到的赤道雪山这一地球上独特的风景点。这个古老而美丽的故事世代在坦桑尼亚人民中间传诵，使大山变得神圣而威严无比。1999年4月1日，该国传出了一个惊人的消息，称"欧盟发达国家准备出巨资用沙石把乞力马扎罗山抬高几百米"。"喜讯"传来，许多坦桑人欢腾雀跃起来，心想："它会不会变成第二个珠穆朗玛峰？"然而，第二天权威人士将事情捅破，原来4月1日是"愚人节"。即使如此，仍有一些人坚信不疑，因为他们明明看到二十多个高鼻子蓝眼睛的洋人天天扛着仪器测量雪山么！谜底是在坦桑尼亚举行"2000年世纪登山活动"之前揭开的。政府宣布：乞力马扎罗山的准确高度是5891.77米。许多坦桑人心里开始不平衡了：怎么搞的，山又矮了3米多！其实山还是那么高，只不过过去测量有误差而已。据悉，从1889年开始至今，德国和英国学者几乎像比赛一样对这座大山进行过轮番测量，分别得出过6011、5982、5930、5965、5963、5895等五花八门的数字。

乞力马扎罗山是坦桑尼亚人民的母亲山，世世代代用她的乳汁抚育自己的儿女，给了他们无穷无尽的欢乐。然而，19世纪德国殖民者首先侵入了这片美丽多娇的土地，扰乱了这里的平静和安宁。他们把早已被非洲人民命名的"乞力马扎罗"雪山说成是由他们"首先发现的"，并把他们的所谓"功绩"铭刻在石头上。这方记录着殖民主义罪恶的"功德"碑至今仍竖立在莫希一所老式洋房的大门前，现在已变成坦桑尼亚进行爱国主义教育的教科书。尔后英国殖民者又占领了这块土地，伊丽莎白女王又在德国皇帝威廉生日时把乞力马扎罗山雪峰作为"寿礼"送出，演出了一幕充满殖民主义色彩的滑稽剧。其实，谁是赤道雪山的主人，原本是最明白不过的。

乞力马扎罗山属于坦桑尼亚，属于非洲，是粗犷剽悍的非洲人的象征。据知，目前它仍然是一座活火山。

● 扩展阅读 ●

·赤道的雪峰会消失吗·

美国俄亥俄州立大学的洛尼·汤姆逊教授通过对南美、非洲和中国等地的热带或亚热带冰原的研究发现，在过去短短20年时间里，乞力马扎罗山的冰雪已经消融了33%。他指出，如果按照目前的速度发展下去，再过15年，乞力马扎罗山的最高峰——"自由峰"上的冰雪将会消融殆尽。1999年11月，坦桑尼亚和德国的专家曾利用全球卫星定位系统（GPS）对乞力马扎罗山的高度进行了精确测量，结果发现它只有5891.77米，比原先测定的5895米"萎缩"了3米多。这可以成为汤姆逊教授"冰雪消融"理论的一个有力佐证。然而，坦桑尼亚自然资源与旅游部长在国民议会就旅游业的相关问题回答说，汤姆逊的理论只是一种假设，不足为凭。因为，虽然气候变暖确实是一个不可忽视的因素，但是气候变化是反复无常的，乞力马扎罗山顶的冰雪在一段时间内可能减少，但在另一段时间内却可能增多。因此，人们大可不必为此担忧。

第四章　深海真貌

——深不可测的大洋之底

　　海洋浩瀚无边、绚丽多彩，在蔚蓝色的海水之下，更有一个变化万千的海底世界，以及神秘莫测的海洋动物。你想去幽深的海底寻访各种异象奇观吗？你想了解各种有趣而又鲜为人知的海洋动物吗？

人类文明足迹的前进
——探索海洋诞生记

"大海是生命之源"，人们总是这样说，但好多人却不知道，海和洋不完全是一回事，它们彼此之间是不相同的。那么，它们有什么不同，又有什么关系呢？

自然界的海与洋的亲密关系

洋，是海洋的中心部分，是海洋的主体。世界大洋的总面积，约占海洋面积的89%。大洋的水深，一般在3000米以上，最深处可达1万多米。大洋离陆地遥远，不受陆地的影响。它的水分和盐度的变化不大。每个大洋都有自己独特的洋流和潮汐系统。大洋的水色蔚蓝，透明度很大，水中的杂质很少。

世界共有4个大洋，即太平洋、印度洋、大西洋、北冰洋。

夏季，海水变暖；冬季水温降低；有的海域，海水还要结冰。在大河入海的地方，或多雨的季节，海水会变淡。由于受陆地影响，河流夹带着泥沙入海，近岸海水混浊不清，海水的透明度差。海没有自己独立的潮汐与海流。海可以分为边缘海、内陆海和地中海。边缘海既是海洋的边缘，又是临近大陆前沿；这类海与大洋联系广泛，一般由一群海岛把它与大洋分开。我国的东海、南海就是太平洋的边缘海。内陆海，即位于大陆内部的海，如欧洲的波罗的海等。地中海是几个大陆之间的海，水深一般比内陆海深些。世界主要的海接近60个。太平洋最多，大西洋次之，印度洋和北冰洋差不多。

海洋诞生的历程

海洋是怎样形成的？海水是从哪里来的？对这个问题目前科学还不能做出最后的答案，这是因为，它们与另一个具有普遍性的、同样未彻底解决的太阳系起源问题相联系。现在的研究证明，大约在50亿年前，从太阳星云中分离出一些大大小小的星云团块。它们一边绕太阳旋转，一边自转。在运动过程中，互相碰撞，有些团块彼此结合，由小变大，逐渐成为原始的地球。星云团块碰撞过程中，在引力作用下急剧收缩，加之内部放射性元素蜕变，使原始地球不断受到加热增温；当内部温度达到足够高时，地内的物质包括铁、镍等开始熔解。在重力作用下，重的下沉并趋向地心集中，形成地核；轻者上浮，形成地壳和地幔。在高温下，内部的水分汽化与气体一起冲出来，飞升入空中。但是由于地心的引力，它们不会跑掉，只在地球周围，成为气水合一的圈层。位于地表的一层地壳，在冷却凝结过程中，不断地受到地球内部剧烈运动的冲击和挤压，因而变得褶皱不平，有时还会被挤破，形成地震

与火山爆发，喷出岩浆与热气。开始，这种情况发生频繁，后来渐渐变少，慢慢稳定下来。这种轻重物质分化，产生大动荡、大改组的过程，大概是在45亿年前就已经完成了。地壳经过冷却定型之后，地球就像个久放而风干了的苹果，表面皱纹密布，凹凸不平。高山、平原、河床、海盆，各种地形一应俱全了。

而在很长的一个时期内，天空中水气与大气共存于一体，浓云密布，天昏地暗。随着地壳逐渐冷却，大气的温度也慢慢地降低，水气以尘埃与火山灰为凝结核，变成水滴，越积越多。由于冷却不均，空气对流剧烈，形成雷电狂风，暴雨浊流，雨越下越大，一直下了很久很久。滔滔的洪水，通过千川万壑，汇集成巨大的

↓太阳星云

↑ 大气与海水融为一体

水体，这就是原始的海洋。原始的海洋，海水不是咸的，而是带酸性、又是缺氧的。水分不断蒸发，反复地形云致雨，重新落回地面，把陆地和海底岩石中的盐分溶解，不断地汇集于海水中。经过亿万年的积累融合，才变成了咸水。同时，由于大气中当时没有氧气，也没有臭氧层，紫外线可以直达地面，靠海水的保护，生物首先在海洋里诞生。大约在38亿年前，即在海洋里产生了有机物，先有低等的单细胞生物。在6亿年前的古生代，有了海藻类，在阳光下进行光合作用，产生了氧气，慢慢积累的结果，形成了臭氧层。此时，生物才开始登上陆地。总之，经过水量和盐分的逐渐增加及地质历史上的沧桑巨变，原始海洋逐渐演变成今天的海洋。

扩展阅读

·海洋将会是未来的粮仓·

有些读者可能会想，在海洋中不能长粮食，怎么能成为未来的粮仓呢？是的，海洋里不能种水稻和小麦，但是，海洋中的鱼和贝类却能够为人类提供滋味鲜美、营养丰富的蛋白食物。在海洋中，有了海藻就有贝类，有了贝类就有小鱼乃至大鱼……海洋的总面积比陆地要大一倍多，世界上屈指可数的渔场，大抵都在近海。

据有关科学家计算，由于热带和亚热带海域光照强烈，在这一海区，可供发电的温水多达6250万亿立方米。将这一区域用于饲养，每年可得各类海鲜7.5亿吨。它相当于20世纪70年代中期人类消耗的鱼、肉总量的4倍。通过这些，不难看出，海洋成为人类未来的粮仓，是完全可行的。

神秘的海底地形
——从海岭到海沟

　　地球表面被陆地分隔为彼此相通的广大水域称为海洋，其总面积约为3.6亿平方千米，约占地球表面积的71%，因为海洋面积远远大于陆地面积，故有人将地球称为"水球"。由于海水的掩盖，海底地形起伏难以直接观察。

海底三大基本地形单元

　　洋底有高耸的海山，起伏的海丘，绵长的海岭，深邃的海沟，也有坦荡的深海平原。纵贯大洋中部的大洋中脊，绵延8万千米，宽数百至数千千米，总面积堪与全球陆地相比，其长度和广度为陆上任何山系所不及。大洋最深处深11034米，位于太平洋马里亚纳海沟，这一深度超过了陆地上最高峰珠穆朗玛峰的海拔高度（8844.43米）。太平洋中部夏威夷岛上的冒纳罗亚火山海拔4170米，而岛屿附近洋底深五六千米，冒纳罗亚火山实际上是一座海拔起于洋底而高约万米的山体。

　　在地球表面上，大陆和洋底呈现为两个不同的台阶面，陆地大部分地区海拔高度在0～1千米，洋底大部分地区深度在4～6千米。整个海底可分为三大基本地形单元：大陆边缘、大洋盆地和大洋中脊。大洋盆地一语有两种含义：广义的泛指大陆架和大陆坡以外的整个大洋；狭义的指大洋中脊和大陆边缘之间的深洋底。这里所用为后一种含义。

海洋的"脊柱"——海岭

　　海岭又称海脊，有时也称"海底山脉"。狭长延绵的大洋底部高地，一般在海面以下，高出两侧海底可达3～4千米。位于大洋中央部分的海岭，称中央海岭，或称大洋中脊。在四大洋中有彼此连通蜿蜒曲折庞大的海底山脊系统，全长达80000多千米，像一条巨龙伏卧在海底，注视着波涛

↑ 夏威夷恐龙湾

滚滚的洋面。大洋中脊露出海面的部分形成岛屿，夏威夷群岛中的一些岛屿就是太平洋中脊露出部分。在大洋中脊的顶部有一条巨大的开裂，岩浆从这里涌出并冷凝成新的岩石，构成新的洋壳。所以人们把这里称为新大洋地壳的诞生处。

地球最深处——海沟

海沟是海底最深的地方，是深度超过6000米的狭长的海底凹地。两侧坡度陡急，分布于大洋边缘。如太平洋的菲律宾海沟、大西洋的波多黎各海沟等。海沟多分布在大洋边缘，而且与大陆边缘相对平行。对于海沟，目前科学家有许多不同的观点。有人认为，水深超过6000米的长形洼地都可以叫做海沟。另一些人则认为真正的海沟应该与火山弧相伴而生。世界大洋约有30条海沟，其中主要的有17条，属于太平洋的就有14条。

知识链接

·世界上最深的海沟·

马里亚纳海沟是世界上最深的海沟，其最深处叫查林杰海渊。马里亚纳海沟位于北太平洋西部马里亚纳群岛以东，为一条洋底弧形洼地，延伸2550千米，平均宽69千米。主海沟底部有较小陡壁谷地。1951年，英国"查林杰8号"船发现了这一海沟，当时探测出的深度为10836米。此后，这一数据不断被新的纪录所修正。

海洋之奇观异景
——深海"无底洞"与海火之谜

海洋中是否有"无底洞"？航行在黑夜的海上或伫立在黑夜的海滩，有时会突然发觉海面上有光亮闪烁，好像点点灯火，沿海渔民就称其为海火，那是一种海发光现象吗？

深海里的"黑洞"

深海"黑洞"位于印度洋北部海域，北纬5°13′、东经69°27′，半径约3海里。这里的洋流属于典型的季风洋流，受热带季风影响，一年有两次流向相反变化的洋流。夏季盛行西南季风，海水由西向东顺时针流动；冬季则刚好相反。"无底洞"（又称"死海"或"黑洞"）海域则不受这些变化的影响。几乎呈无洋流的静止状态。1992年8月，装备有先进探测仪器的澳大利亚哥伦布号科学考察船在印度洋北部海域进行科学考察，科学家认为"无底洞"可能是个尚未认识的海洋"黑洞"。根据海水振动频率低且波长较长来看，"黑洞"可能存在着一个由中心向外辐射的巨大的引力场，但这还有待于进一步科学考察。他们还在"无底洞"及其附近探测到7艘失事的船只。

在希腊克法利尼亚岛附哥斯托利昂港附近的爱奥尼亚海域，还真有一个许多世纪以来一直在吸收大量海水的无底洞。据估计，每天失踪于这个无底洞里的海水竟有3万吨之多，曾经有人推测，这个无底洞，就像地球的漏斗、竖井、落水洞一类地形。

"海火"是地震或海啸的预警吗

海水发光现象被人们称为"海火"。海火常常出现在地震或海啸前后。1976年7月28日唐山大地震的前一天晚上，秦皇岛、北戴河一带的海面上也有这种发光现象。尤其在秦皇岛油码头，人们看到当时海中有一条火龙似的明亮光带。难道"海火"的出现预示着某种灾难即将来到？

海发光现象在海洋生物中极为

↑在地震或海啸前后，海面上常出现发光现象

普遍，从结构简单的细菌到结构比较复杂的无脊椎动物和脊椎动物，都有着种类繁多的发光生物。如其菌门、菌藻纲、原生动物门、腔肠动物门、环节动物门、软体动物门、节肢动物门、棘皮动物门、脊索动物门和脊椎动物门等，都有发光的典型种类。

海火的确是一种神秘奇异的现象，尤其是不常在海边或海上旅行的人，第一次看到海火时，更会感觉不可理解。海火可分为三种，即：火花型（闪耀型）、弥漫型和闪光型（巨大生物型）。每一类型按其光亮的强度划分为五级，从微弱光亮到显目可见和特别明亮。

专家解释称：火花型发光是由小型或微型的发光浮游生物受到刺激后引起的发光，是最为常见的一种海发光现象；弥漫型发光，主要由发光细菌发出的，它的特点是海面呈一片弥漫的乳白色光泽；闪光型发光，是由大型动物，如水母、火体虫等受到刺激后发出的一种发光现象。

扩展阅读

·海底瀑布·

海洋学家在冰岛和格陵兰岛之间的大西洋海底，发现了一个名叫丹麦海峡的海底特大瀑布，瀑布高3500米，比世界上最高的瀑布安赫尔瀑布（979米）高15倍。海洋学家在格陵兰岛沿海的航线上，测量海水流动的速率时，无意中发现了这条瀑布。当科学家们把水流计沉入海中后，水流计连续被强大的水流冲坏。后来发现，这里的水流汹涌，是由于巨大的海水从海底峭壁倾泻而下造成的。瀑布宽约200米，深200米。据估计，每秒钟就有多达50亿升的海水从水下峭壁倾泻直下，水量之大十分惊人，它相当于在一秒钟内将亚马孙河水全部倒入海洋的流量的25倍，但人类还无法目睹这一海底奇观。

海底"黑烟囱"
——奇怪的"喷烟"现象

"海底黑烟囱"是20世纪海洋科学最重大的发现之一。这些含有矿物质的地热流通常从因板块推挤而隆起的海底山脊上喷出。矿液刚喷出时为澄清溶液,与周围的冰冷海水混合后,很快产生沉淀,形成烟囱状水柱,因此得名。

"黑烟囱"是怎样形成的

海底"黑烟囱"的形成主要与海水及相关金属元素在大洋地壳内热循环有关。由于新生的大洋地壳温度较高,海水沿裂隙向下渗透可达几千米,在地壳深部加热升温,溶解了周围岩石中多种金属元素后,又沿着裂隙对流上升并喷发在海底。由于矿液与海水成分及温度的差异,形成浓密的黑烟,冷却后在海底及其浅部通道内堆积了硫化物的颗粒,形成金、

铜、锌、铅、汞、锰、银等多种具有重要经济价值的金属矿产。世界各大洋的地质调查都发现了黑烟囱的存在,并主要集中于新生的大洋地壳上。

发现奇异生物

海底黑烟囱的构筑绝非仅仅是地质构造活动的结果。其中神奇莫测的"热泉生物建筑师"的艰辛劳作也功不可没。在热泉口周围拥聚生息着种类繁多的蠕虫,其中管足蠕虫可长到45厘米,它们独具特色的生存行为特别引人注目。

解剖分析表明,管足蠕虫内脏中的细菌可从热液所含亚硫酸氢盐中获取氢原子维持生命,细菌还可把海水中的氢、氧和碳有机地转化生成碳水化合物,为蠕虫提供生存所需的食物。这种化学反应的结果遗留下硫元素,蠕虫排泄的硫又促使海水中的钡和硫酸发生催化反应。长此以往,蠕

↑海水及相关金属元素在大洋地壳内热循环，引发海水"冒黑烟"

虫死后便在熔岩中遗留下管状重晶石穴坑。它们开凿的洞穴息息相通犹如礁岩迷宫，从而使热液将矿物质源源不断地输送上来并堆集烟道。当黑烟囱在热泉周围落成后，熔岩上深邃的管状洞口穴就成为矿物热液外流的通道，从而形成海底黑烟热泉奇观，直到通道自身被矿物结晶体堵塞才告停息。从多处海底热泉采样分析来看，矿产资源丰饶，种类繁多，品质极高。科学家因此提出原始生命起源于"海底黑烟囱"周围的理论，认为地球早期的生命可能就是嗜热微生物。

知识链接

·海底"黑烟囱"的利用价值·

生命起源的古老物质拥有巨大经济价值，现在陆地上的矿物质已经开采将尽，各国都把眼光集中到了海底开采，尤其是含矿物质最丰富的海底"黑烟囱"。而实际上，这些矿石含金，而且可以综合利用，冶炼出更多宝贵物质，现在却被大量浪费着。海底黑烟囱的形成很不易，长成几十米高要用几千年时间，以现在的开采速度，这些矿点十几年就会成废矿。

人鱼传说

——寻找"海底人"的踪迹

在神秘莫测的大西洋底,生活着一种奇特的人类,他们修建了金碧辉煌的海底城市,创造了辉煌的历史,无忧无虑地和海底的生物一起生活着。忽然某天,有些海底人感到孤独时,便好奇地浮出海面,混入陆上的人类之中,于是,一系列有趣的事情发生了……读过科幻小说《大西洋底来的人》的读者对这些故事都不会陌生,也许许多读者都会问:大洋底下真的生活着另一种人类吗?

◆◆ 南海鲛人

晋华《博物志》:"南海水有鲛人,水居如鱼,不废织绩,其眼能泣珠。"这个典故的名字就叫鲛人泣珠。很美的一个故事。翻译过来就是,南海水中有鲛,在水中像鱼一样生活,从来不放弃纺织的工作,它哭的时候能哭出珍珠来(它的眼泪是珍珠),这大概就是美人鱼吧!

◆◆ 人鱼真的存在吗

1959年2月,在波兰的格丁尼亚港发生了一件怪事。在这里执行任务的一些人,突然发现海边有一个人。他疲惫不堪,拖着沉重的步履在沙滩上挪动。人们立即把他送到格丁尼亚大学的医院内。他穿着一件制服般的东西,脸部和头发好像被火燎过。医生把他单独安排在一个病房内,进行检查。人们立即发现很难解开此病人的衣服,因为他不是用一般呢子、棉布之类东西缝制的,而是用金属做的。衣服上没有开口处,非得用特殊工具、使大劲才能切开。体检的结果,使医生大吃一惊:此人的手指和脚趾都与众不同。此外,他的血液循环系统和器官也极不平常。正当人们要做进一步研究时,他忽然神秘地失踪了。

1962年曾发生过一起科学家活捉小人鱼的事件。前苏联列宁科学院维诺葛雷德博士讲述了经过:当时,一艘载有科学家和军事专家的探测船,在古巴外海捕获了一个能讲人语的小人鱼,皮肤呈鳞状,有鳃,头似人，尾似鱼。小人鱼称自己来自亚特兰蒂斯市，还告诉研究人员在几百万年前，亚特兰蒂斯大陆横跨非洲和南美，后来沉入海底……后来小人鱼被送往黑海一处秘密研究机构，供科学家们深入研究。

1988年，在美国南卡罗来纳州比维市郊的沿洋地里，人们又发现了一种半人半鱼的生物，有的会长出鳃，这不禁使我们思考：人类会长鳃吗？基因学者认为，人类是从有鳃动物进化而来的，在了解了人类基因组和鱼类基因组的基础上，让人长出鳃是完全可以做到的。

◆◆ 幽灵潜艇

在整个19世纪，有许多关于幽灵潜艇的传闻。在这些传闻中，对不明潜水物的描述都是圆形的；都能垂直不动地悬浮在空中，然后突然跌进水中并消失在深处；它们悬浮在空中和潜入水里时，几乎都是悄无声息的，没有听到类似于人类所制造的动力系统的轰鸣声。不同之处在于，有的不明潜水物落到水面时，会溅起巨大的浪花；有的却犹如鸿毛一样，落水时轻飘飘地一点水花也没有。值得一提的是，19世纪离人类制造出潜水艇尚有好长的一段时间，而且这些不明潜水物与潜水艇的模样也相去甚远。

有人根本就不相信幽灵潜艇的存在，认为所见到的那些物体其实只不过是一些体型非常巨大的鱼类。也有人认为，这些幽灵潜艇其实是来自外太空。而有人则认为这些智慧生物可能从古至今就一直生活在海底中，它们同我们人类一样，是地球人的一支。持这种观点的人强调说，人类起源于海洋，当人类进化时，很可能一部分上了岸，一部分则仍留在水中，并且发展出了比陆地上的同类更先进的文明。还有人认为，幽灵潜艇只是大气折射产生的幻影。

幽灵潜艇到底是什么？海底人类到底存不存在？这些谜团可能还会在相当长的一段时间内困扰着我们。但我们相信，随着科学的发展，这些神秘的幽灵潜艇一定会现出它们的"真相"。

扩展阅读

· 古巴沉落的海底古城 ·

1969年，美国两位作家罗伯特·费罗和米歇尔·格兰门里为体验生活，来到巴哈巴群岛的比密里参加海底探险活动，他们在比密里岛北岸附近的海底发现了一片由石头像摆成的几何图形，这些石头呈矩形排列，全长约250米。同年7月，另一个考古探险家特罗纳和潜水员又在该岛以西的海中发现了一组大石柱，这些石柱有的横卧海底，有的直立在水中。后来据推测，这些城市遗址建筑在10000至12000年前，它说明这儿曾经存在一座先进的城市。

遗失的海底文明
——海底古城之谜

　　世界的某些神秘海底或湖底隐藏着远古人类城市，这些远古建筑遗址蕴藏着大量的人类历史信息。许多水下古城湮没于水下是由于数千年前地震、海啸或者其他自然灾难形成的。许多水下古城仅是近年来才被发现，或者这些远古遗址是通过先进的科学技术手段下实现的。这些神秘的水下古城仍保留着许多秘密，它们的发现让科学家产生了浓厚兴趣，对人类历史文明形成了许多质疑和思考。

海底"神殿"

　　距台湾宜兰60海里的与那国岛，其南面海底陆续发现"古神殿"的遗迹。经学者、专家长达8年的实地调查，发现该海底古城可能是1.5万年前琉球群岛与中国大陆还连在一起时的古文明遗迹，是由于地震引起地质变化而突然沉入海底的。

　　在古垣岛沿岸海底，最近两年又陆续发现各种不同的石砌建筑、柱穴、灵石、人头雕像、拱门及几何图形的海龟等；最后甚至发现了雕刻在石墙上的"象形文字"。专家确信该海底遗迹是古文明的遗物。

　　事实上，约在半世纪前，即有渔民发现与那国岛的西南方海底有巨大的金字塔、古城堡；1986年，当地的潜水专家把它取名为"遗迹潜水观光区"，因而吸引了不少摄影家及观光客潜入海底观察遗迹，也引起琉球当地学者的注意，并开始着手学术性的海底考古研究。

　　大约两年前，位于与那国东南方的新川鼻海底"神殿"，即被海底考古调查队以电脑合成方式绘制成立体图，并依其中的海龟、灵石、广场等祭拜物的方位判断，该遗迹可能是古居民聚会祭拜的神庙。至于神殿北面两个半圆形的"柱穴"，有考古学家指出该低洼洞穴可能是女巫举行仪式前沐浴之处，也可能是让即将献给神的处女沐浴的水池。半圆洞穴东边近

↑科学家在大西洋中的百慕大三角区惊讶地发现：在那波涛汹涌的海水中，竟耸立着一座无人知晓的海底金字塔

海底金字塔之谜

前几年，美、法等国一些科学家在大西洋中的百慕大三角区进行探测时，他们惊讶地发现：在那波涛汹涌的海水中，竟耸立着一座无人知晓的海底金字塔！这塔底边长300米，高200米，塔尖离海面仅100米。论规模，它比大陆上的古埃及金字塔更为壮观。塔上有两个巨洞，海水以惊人的速度从这两个巨洞中流过，从而卷起狂澜，形成巨大旋涡，使这一带水域的浪潮汹涌澎湃，海面雾气腾腾。上述发现令人们迷惑不解：在波涛滚滚的海底，人们怎样生存、怎样建造"金字塔"呢？西方有些学者认为，这座海底"金字塔"可能原本建造在陆地上，后来发生强烈的地震，随着陆地沉入海洋，这样就使"金字塔"落到海底了。

扩展阅读

·印度克利须那神的黄金城·

前几年，科学家在印度海域发现了一处9500年前的远古水下废墟。这处水下神秘古城具有完整的建筑结构以及许多人体残骸。更有意义的是，这项研究发现将印度坎贝湾地区所有考古发现的历史提前了5000年，使历史学家能够更好地理解该地区的历史文化。据称，这座水下古城被命名为"德瓦尔卡"，或者叫做"黄金城"，它曾被人们认为是印度克利须那神的水下城堡。

处的灵石摆设的方位及方式与冲绳及日本本岛的民间信仰类似。此外，神殿东方的拱形城门、巨石叠成的城门等，和在10000年后才兴起的琉球王国建筑类似。在城门附近发现的两块重叠巨石，有人推测是城门下方的基石；由两块巨石整齐重叠在一起及其上方留有长方形入口雕孔等看来，该巨石显然是经过人力加工而成为城堡的一部分。

地球的蓝色血液
——海洋资源

海洋是地球蓝色的"血液"，是国与国之间政治、经济、科技、文化交往的重要通道。在人类的脚步已踏入21世纪门槛的时候，面对人口剧增、资源短缺、环境恶化等一系列问题，人类越来越把生存与发展的希望寄托于蓝色的海洋。

人类的水库

海洋面积约36200万平方千米，接近地球表面积的71%。海洋中含有13.5亿立方千米的水，约占地球总水量的97%。而在全球71%的海洋中，约有97%为海洋水，即咸水或其他人类不可用的水资源，而人类所需的淡水却仅占全球水量的2.5%。地球上的淡水资源，绝大部分为两极和高山的冰川，其余大部分为深层地下水。目前人类利用的淡水资源，主要是江河湖泊水和浅层地下水，仅占全球淡水资源的0.3%，但是海水是咸水不能直接饮用，海水淡化，是开发新水源、解决沿海地区淡水资源紧缺的重要途径。而海水淡化方法人类已经在逐步地尝试。在20世纪30年代主要是采用多效蒸发法；20世纪50年代至20世纪80年代中期主要是多级闪蒸法（MSF），至今利用该方法淡化水量仍占相当大的比重；20世纪50年代中期的电渗析法（ED）、20世纪70年代的反渗透法（RO）和低温多效蒸发法（LT-MED）逐步发展起来，特别是反渗透法（RO）海水淡化已成为目前发展速度最快的技术。并且人类还进行了海水直流冷却技术、海水循环冷却技术、海水冲厕技术和海水化学资源综合利用技术等。因此，在水资源日益紧缺的今天，海洋中的水资源是我们解决水问题的唯一途径。

矿物资源的聚宝盆

海洋是矿物资源的聚宝盆。经过20世纪70年代"国际10年海洋勘探阶段"，人类进一步加深了对海洋矿物资源的种类、分布和储量的认识。其中主要包括油气田、海底热液矿藏等。

油气田：人类经济、生活的现代化，对石油的需求日益增多。在当代，石油在能源中发挥第一位的作用。但是，由于比较容易开采的陆地上的一些大油田，有的业已告罄，有的濒于枯竭。为此，近二三十年来，世界上不少国家正在花大力气来发展海洋石油工业。探测结果表明，世界石油资源储量为1万亿吨，可开采量约3000亿吨，其中海底储量为1300亿吨。而在中国则有浅海大陆架近200万平方千米。通过海底油田地质调查，先后发现了渤海、南黄海、东海、珠江口、北部湾、莺歌海以及台湾浅滩等7个大型盆地。其中东海海底蕴藏量之丰富，堪与欧洲的北海油田相媲美。

东海平湖油气田是中国东海发现的第一个中型油气田，位于上海东南420千米处。它是以天然气为主的中型油气田，深2000～3000米。据有关专家估计，天然气储量为260亿立方米，凝析油474万吨，轻质原油874万吨。

稀锰结核：锰结核是一种海底稀有金属矿源。它是1873年由英国海洋调查船首先在大西洋发现的。但是世界上对锰结核正式有组织的调查，始于1958年。调查表明，锰结核广泛分布于4000～5000米的深海底部。它们是未来可利用的最大的金属矿资源。令人感兴趣的是，锰结核是一种再生矿物。它每年约以1000万吨的速率不断地增长着，是一种取之不尽、用之不竭的矿产。世界上各大洋锰结核的总储藏量约为3万亿吨，其中包括锰4000亿吨，铜88亿吨，镍164亿吨，钴48亿吨，分别为陆地储藏量的几十倍乃至几千倍。以当今的消费水平估算，这些锰可供全世界用3.3万年，镍用25.3万年，钴用2.15万年，铜用980年。目前，随着锰结核勘探调查日益深入，技术日益成熟，预计到本世纪，可以进入商业性开发阶段，正式形成深海采矿业。

海底热液矿：20世纪60年代中期，美国海洋调查船在红海首先发现了深海热液矿藏。而后，一些国家又陆续在其他大洋中发现了三十多处这种矿藏。热液矿藏又称"重金属泥"，是由海脊(海底山)裂缝中喷出的高温熔岩，经海水冲洗、析出、堆积而成的，并能像植物一样，以每周几厘米的速度飞快地增长。它含有金、铜、锌等几十种稀贵金属，而且金、锌等金属品质非常高，所以又有"海底金银库"之称。饶有趣味的是，重金属五彩缤纷，有黑、白、黄、蓝、红等各种颜色。由于当今相关技术的薄弱，海底热液矿藏还不能立即进行开采，但是，它却是一种具有潜在力的海底资源宝库。一旦能够进行工业性开采，那么，它将同海底石油、深海锰结核和海底砂矿一起，成为21世纪海底四大矿种之一。

神奇的世界

第五章　疯狂的气象

——狂野而又多变的地球奇观

　　气压、温度和湿度的多彩变化，再加上地球的自转和山水湖泊的影响，丰富多彩的天气及其现象纷纷登台表演，节目五彩缤纷，各有千秋。这让我们不得不感叹，地球的"脾气"真是狂野而又多变啊！

你不知道的气象常识
——"蒹葭苍苍，白露为霜"

气象工作者把出现的天气现象归结为四十种，包括降水现象、地面冻结和凝结现象、视程障碍现象、大气光电现象，以及风暴现象、积雪、结冰等现象，它是大气中发生的各种物理过程的综合结果。

气象、天气和气候

地球上覆盖着很厚的空气层，叫做大气。在大气中我们看到阴、晴、冷、暖、干、湿、雨、雪、雾、风、雷等各种物理、化学状态和现象，气象就是它们的通称。

天气和气候是互相联系的。天气是指一个地区较短时间的大气状况。我们从广播和电视中收听收看到的24、48小时天气预报说的是天气；而气候则是一个地区多年的平均天气状况及其变化特征。世界气象组织规定，30年记录为得出气候特征的最短

年限。我国古代以五日为候，三候为气，一年有二十四节气七十二候，各种气象、物候特征，合称为气候。

蒹葭苍苍，白露为霜

在《诗经》中，有一首著名的诗句："蒹葭苍苍，白露为霜。所谓伊人，在水一方。"刻画的是一片水乡清秋的景色。也许正是此诗句的广为流传，有些人把白露称为轻霜，这是不对的，白露不是霜。我们知道：霜是在近地面空气中水汽直接凝华在温度低于0℃的地面上或近地面物体上的白色松脆冰晶。着霜的物体或附近的空气温度必然在0℃或以下。而露水的产生是一种水汽凝结现象，附着露滴的植物茎叶温度尽管很低，也必定是在0℃以上。

所谓"白露点秋霜"，是说农作物或其他植物在经受两三次这种露水冷凉的刺激以后，逐渐停止生长发育，就像遭遇轻霜一样，所以人们又总结出一条"三场白露一场霜"的谚语来。

↑霜是在近地面空气中水汽直接凝华在温度低于0℃的地面上或近地面物体上的白色松脆冰晶

和淅沥；通常需两分钟后，始能完全润湿石板和屋瓦，水洼形成很慢。中雨：降雨量在10～25毫米之间，可听见沙沙的雨声，雨落如线，雨滴不易分辨，落到屋孔和硬地上略有四溅，水洼形成较快。大雨：降雨量在25～50毫米之间，大雨时，雨落如倾盆模糊成片，雨滴落到屋瓦和硬地上四溅可达数寸，雨声如擂鼓，水潭形成极快。暴雨：降雨量在50～100毫米之间，马路积水。降雨量在100～200毫米之间的叫大暴雨；降雨量在200毫米以上的叫特大暴雨，地势低处受淹。阵雨：指阵性降水，雨点较大，时降时停，强度变化急剧，下雨时天空阴暗，有时忽然开朗，露出晴天，有时还伴有雷声。

雨量的等级是怎样划分的

当我们在收听或收看天气预报广播时，常常会听到"小雨""中雨""中到大雨"等名词，这就是雨量的等级。

雨量是指降落在地面上的雨水未经蒸发、渗透和流失作用，而以积聚的深度来确定的。我国规定以毫米为深度的单位。雨量的等级根据24小时内降雨量的大小划分为小雨、中雨、大雨、暴雨、大暴雨、特大暴雨几个等级。小雨：降雨量在10毫米以内，雨滴清晰可辨，落到屋瓦和硬地上不四溅，雨声缓

知识链接

·怎样在旅游中观测天气·

观天象：俗话说："云是天气的招牌。"偏西方出现的云，若由远而近，由少变多，由高而低，由薄变厚，那就预示着天气将由晴转阴雨。在暖季早上，天空如出现底平、突顶、孤立的云块，即俗称"馒头云"（淡积云），或移速较快的白色碎积云，天气晴好。早晨若天空出现棉絮状云，天气很可能变坏，并发展成雷雨天或大风大雨天。在阴雨天看到西北方向云层裂开，俗称"开天锁"，表明天气将变好。云盖山顶俗称"山戴帽"，云缠山腰叫"云拦腰"。前者兆阴雨，后者主晴天。

天有不测风云
——多变的天气

天气现象是指发生在大气中发生的各种自然现象，即某瞬时内大气中各种气象要素（如气温、气压、湿度、风、云、雾、雨、雪、霜、雷、雹等）空间分布的综合表现。

下雪不冷化雪冷

在冬天下雪的日子里，我们经常有这样的感觉，大雪纷飞的时候不觉得天气有多冷，但等到雪后初霁时，才觉得冻手冻脚，这是为什么呢？

专家介绍，冬季里，下雪前或下雪的时候，一般是暖湿空气活跃，高空吹西南风，天气有些转暖，而水汽凝华为雪花也要释放出一定的热量，这就使得下雪前或下雪时天气并不很冷。而降雪结束，天气转晴，一般都伴随着冷空气南下，高空转为偏北风，地面受冷气团控制，气温显然要下降。同时积雪融

化，本身就要吸收大量热量，所以天气反而比下雪时冷。

为什么有时乌云积聚不下雨

这种现象，是由两种原因造成的。

夏季的上午，常见一种顶上圆、底部平、孤立在空中的云块，称为淡积云（俗名馒头云）；到了中午前后，这淡积云逐渐发展成为浓厚的，顶部像花菜状的云块，称为浓积云。这时，看起来乌云团聚，其实这种云一般是不会下雨的，充其量最多只能下些小阵雨。当它进一步发展，成为积雨云时，看起来云顶不再像浓积云那样乌云团聚，但却要下雨了。

另外，有时当积雨云移近本地时，由于前缘有强烈的上升气流，造成了黑云滚滚的气势。这种滚轴状的云，来势虽然很猛，但一般不会下雨；当这种黑云过去（散开）后，猛烈的阵雨才会跟着来。所以造成乌云

聚着不下雨，散开以后才下雨的现象。农村中流传的天气谚语："乌头风，白头雨"也是这个意思。

云为什么有不同的颜色

　　天空有各种不同颜色的云，有的洁白如絮，有的是乌黑一块，有的是灰蒙蒙一片，有的发出红色和紫色的光彩。这不同颜色的云究竟是怎么形成的呢？

　　云的厚薄决定了颜色，我们所见到的各种云的厚薄相差很大，厚度可达七八千米，薄的只有几十米。有满布天空的层状云、孤立的积状云，以及波状云等许多种。

　　很厚的层状云，或者积雨云，太阳和月亮的光线很难透射过来，看上去云体就很黑；稍微薄一点的层状云和波状云，看起来是灰色，特别是波状云边缘部分，色彩更为灰白；很薄的云，光线容易透过，特别是由冰晶组成的薄云，云丝在阳光下显得特别明亮，带有丝状光泽，天空即使有这种层状云，地面物体在太阳和月亮光下仍会映出影子。

　　日出和日落时，由于太阳光线是斜射过来的，穿过很厚的大气层，空气的分子、水汽和杂质，使得光线的短波部分大量散射，而红、橙色的长波部分，却散射得不多，因而照射到大气下层时，长波光特别是红光占绝对的多数，这时不仅日出、日落方向

的天空是红色的，就连被它照亮的云层底部和边缘也变成红色了。

知识链接

·天空为什么是蓝色的·

　　我们看到的天空，经常是蔚蓝色的，特别是一场大雨之后，天空更是幽蓝得像一泓秋水，令人心旷神怡，跃跃欲飞。天空为什么是蔚蓝色的呢？

　　大气本身是无色的。天空的蓝色是大气分子、冰晶、水滴等和阳光共同创作的图景。阳光进入大气时，波长较长的色光，如红光，透射力大，能透过大气射向地面；而波长短的紫、蓝、青色光，碰到大气分子、冰晶、水滴等时，就很容易发生散射现象。被散射了的紫、蓝、青色光布满天空，就使天空呈现出一片蔚蓝了。

↓天空中，云的厚薄决定了云的颜色

变幻莫测的云层
——自然界中不同的云层结构

云层将天空装扮成一个巨大的美术馆。天空中好似充满了冰冷的水母和烟云随波荡漾。让我们一起来欣赏这个巨大美术馆里的美术作品——自然界中最奇特的云层结构。

雨幡洞云层

雨幡洞云层会出现于中、高层次的云层中，这些云层窄窄的缝隙下面悬挂着许多冰晶体，并拖着长长的尾巴。要形成雨幡洞云层，云层必须饱含过冷的水滴。尽管云层的温度远远低于零摄氏度，这种水滴也必须是液态形式存在。当云层的部分区域的水开始结冰时，引发了云层内一系列的连锁反应，这样雨幡洞云层就形成了。来自该区域过冷水滴的所有水分迅速结成冰晶，当变得足够大时就会降落。这种称为"雨幡"的冰晶形式，并不容易落到地面，而是在落到地面之前就蒸发了。

滚轴云

滚轴云是一种水平管状云，一般是形成于暴风雨来临之前。当风暴云迅速下沉的气团猛烈撞击云层表面时，会从风暴云中刮出一阵冷风。这种冷空气流动到热气流云层的下面，一同被抽进风暴云垂直上升的气流中，通过这样做，它的云层里面凝聚了暖空气的蒸汽。由此产生的滚轴云完全脱离了主风暴云，它往往可以长达数千米。

荚状云

荚状云是当一阵稳定的潮湿空气被迫上升到高地上，因水分冷却形成。如果潮湿的云层和干燥的云层同时存在，它们将形成垂直堆栈的云层。如果云层越过障碍，气流返回到原来的水平，就会在山脉的背风面产生驻波效应。

山帽云

山帽云是指云层像一顶帽子，戴在一座山的山顶上，当一股稳定气流爬升到山顶并准备越过山顶时，经过冷却后就会形成山帽云。

波状云

波状云是一层潮湿的空气在经过某岛时不停地上升和下降，形成了一系列缩小的透镜状云层。之后云层顺风移动扩散，像一艘船漂流了几百千米，然后会在岛的北岸形成积云状的波状云。

乳房状风暴云

乳房状云彩相当的不稳定，经常在暴风雨的天气里形成。但是它们会在恶劣天气过去很长时间后表现出相对的平静。乳房状风暴云的外观形状是由于冷空气凝结形成的，饱和空气从一个风暴云中脱离迅速下沉，在下面形成凸起的膨胀云或涟漪。一般来说，它们的形状可能会有很大的不同，从长条状到起伏的波浪状，绵延几十平方千米，有些还会呈现近球形袋状。

海浪云

海浪云看起来就像是巨大的海浪拍打在岸边上，这种类型的云非常罕见和短暂，持续的时间不超过一两分钟。这种独特的海浪云是由风的切变所形成的。当一层云形成在较暖的空气层和较冷的空气层的边界时，上层较暖的空气层移动的速度会比较冷的空气层快，最后会将云层剪切成海浪云。如果两者风速差异恰到好处，顶部的起伏就会推进到底部，形成巨大的漩涡，而这样形成的海浪云则会更加壮观和形象。

扩展阅读

·云的形成原因·

其实形成云的原因很多，但是云彩的形成主要是由于潮湿空气上升。潮湿的空气在上升的过程中，由于外界气压值随高度的增高而逐渐降低，云彩的体积则会逐渐膨胀，云彩在膨胀过程中要消耗自己的热量。因此，空气在上升的过程中会不断地降温。然而，空气含水汽的能力是有一定限度的，在一定的温度下，单位体积空气所含水汽的水汽压称为饱和水汽压。所以，上升空气的气温降低了，它的饱和水汽压就不断减小。当上升空气的饱和水汽压下降时，就会有一部分水汽以空中的尘埃为核而凝结成为小水滴。这些小水滴的体积非常小，但浓度却很大，在空气中下降的速度极小，能被空气中的上升气流所顶托。所以，能够悬浮在空中而成为浮云。

暖风之蜕变
——风谲云诡的台风

秋风今兮，枝叶零落，令人感到萧瑟、凄凉；到了一月和二月时，和煦的春风袭来，花朵绽放花蕾，大地充满了生机。七八月时，大风从江面上吹过，掀起千尺巨浪，吹入竹林，千万根竹子随着风东倒西至，吹入乡镇和城市，吹走了笑声，却带来了另一番的凄清和荒凉。台风从古至今总是那么的风谲云诡……

关于台风的民间传说

据传，台风在深海里闷得发慌，想到陆上去走动走动。它又扭又转地飞奔着，顷刻之间，海面一片漆黑，浪柱越舞越高。吓得带鱼婶子、黄鱼婆婆、海蜇姑娘、虾兵蟹将乱逃乱躲。台风高兴了，自以为世人谁都怕它，就更加显威风，拔大树，倒房屋，毁庄稼，淹田地……这日，天上值日的是雷公，四面巡视，忽见南沿海一带，一派乌烟瘴气，觉得事情

不妙，拿起宝镜仔细照看，见是台风作恶造孽，骂道："这畜生疯了。"因为雷公是台风的娘舅，深知外甥生性残暴，又喜欢自吹自擂，再触犯圣约天条，非教训一顿不可。雷公回进九天值班殿，拿起一柄大锤，向大警鼓猛敲，只见白光一闪，"轰"的一声巨响，天崩地裂，震得台风晕头转向。台风知道又是尖嘴巴的娘舅把大石头压下来了，自知理亏，身子不听使唤，当初的威风不知哪里去了。三十六计走为上策，就悄悄地躲回海底老家去了。所以台风来到的日子，往往又是雷又是雨。因此在民间也就有了"台风被响雷压散"的说法。

台风的形成

热带海面受太阳直射而使海水温度升高，海水蒸发提供了充足的水汽。而水汽在抬升中发生凝结，释放大量潜热，促使对流运动的进一步发展，令海平面气压下降，造成周围的暖湿空气流入补充，然后再抬升。如此循环，形成正反馈，即第二类条件

↑ 热带气旋图

台风带来的灾害

台风是一种破坏力很强的灾害性天气系统，但有时也能起到消除干旱的有益作用。其危害性主要包括：

大风：达台风级别的热带气旋中心附近最大风力为12级以上。

暴雨：台风是带来暴雨的天气系统之一，在台风经过的地区，可能产生150～300毫米降雨，少数台风能直接或间接产生1000毫米以上的特大暴雨。

风暴潮：一般台风能使沿岸海水产生增水，江苏省沿海最大增水可达3米。

另外，台风过境时常常带来狂风暴雨天气，引起海面巨浪，严重威胁航海安全。台风登陆后带来的风暴增水可能摧毁庄稼、各种建筑设施等，造成人民生命、财产的巨大损失。

知识链接

·什么是飓风·

台风和飓风都是同一种风，只是发生地点不同，所以叫法也就不同。我们把发生在大西洋、墨西哥湾、加勒比海和北太平洋东部，中心附近最大风力达12级或以上的热带气旋称之为飓风。美国国家飓风中心根据飓风中心每小时推进的距离，将飓风分为五级：一级飓风119～153千米/时，二级飓风154～177千米/时，三级飓风178～209千米/时，四级飓风210～249千米/时，五级飓风249千米/时以上。

不稳定（CISK）机制。在条件合适的广阔海面上，循环的影响范围将不断扩大，可达数百至上千千米。由于地球由西向东高速自转，致使气流柱和地球表面产生摩擦，由于越接近赤道，摩擦力越强，这就引导气流柱逆时针旋转（南半球系顺时针旋转），由于地球自转的速度快而气流柱跟不上地球自转的速度而形成感觉上的西行，这就形成我们现在说的台风和台风路径。在海洋面温度超过26℃以上的热带或副热带海洋上，由于近洋面气温高，大量空气膨胀上升，使近洋面气压降低，外围空气源源不断地补充流入上升。受地转偏向力的影响，流入的空气旋转起来。而上升空气膨胀变冷，其中的水汽冷却凝结形成水滴时，要放出热量，又促使低层空气不断上升。这样近洋面气压下降得更低，空气旋转得更加猛烈，最后形成了台风。台风发生在北太平洋西部、国际日期变更线以西，包括南中国海；而在大西洋或北太平洋东部的热带气旋则称飓风。

农谚里的天气
——"瑞雪兆丰年"

农谚是指农民将长期的观天象测天气的经验，总结成一些谚语，预报天气。群众的测天经验，大多是通过观察当地的一些天象（风、云、雨、雪、霜、晕等）和物象（动植物的生活动态、反常现象及非生物反应）总结得出的。这些经验以歌谣的形式表达和流传下来。

早霞不出门，晚霞行千里

"早霞不出门，晚霞行千里"是一句流行的测天农谚。早晨太阳光经过大气层散射，再照射在云层上，呈现出鲜红和金色的鲜丽彩霞，即早霞；傍晚太阳则从西方向东方照射云层，同样呈现出鲜艳的彩霞，即晚霞。早霞预示天气将转阴雨，而晚霞则表示云层已东去，未来天气将转晴。"东虹日头西虹雨"，也是一句常见的测天农谚。夏天雨后，有时可在天空看到一组弧形彩带，由红、橙、黄、绿等七色组合而成，叫做"虹"，虹必然是出现在太阳雨相对方向。有东虹出现，说明东方空气中存在圈套水滴，表明云雨将移出本地，天气将转晴，天空出现西虹时，西方的雨云将移到本地，天气将转阴雨。还有"日晕三更雨，月晕午时风"。晕是日光或月光照射云中的冰晶时产生反射和折射而形成的。它多数产生于气旋来临前后的卷层云中。因此，晴天之后出现晕，预示有风雨。

虹吃云下一指，云吃虹下一丈

虹吃云是指雨过虹现的现象，它说明大气中的大雨滴已经下过了，而飘浮在空气中的一些雨滴在阳光照射下形成的虹，而此时云已消散(虹吃云)或基本上消散，因此一般不会再下雨，即使有雨也不会大。下一指说明只能下些小雨或天气即可转晴的意思。云吃虹是指位于太阳一方的云突然增长，浓云密布遮住阳光而使虹消失。这种情况虹的消失不但不能说明空气中雨滴变小或变少，相反说明空气中存在大量雨滴，而且云的发展也会对未来天气有影响。它一般预示大雨将要来临时的征兆。

为什么说"瑞雪兆丰年"

"瑞雪兆丰年"是广为流传的农谚，意为冬天下几场大雪，是来年庄稼获得丰收的预兆。

一是保暖土壤，积水利田。冬季天气冷，下的雪往往不易融化，盖在土壤上的雪是比较松软的，里面藏了许多不流动的空气，这样就像给庄稼盖了一条棉被。寒冷过后，天气回暖，积雪慢慢融化，这非但保住了庄稼不受冻害，而且雪水融在土壤里，给庄稼积蓄了很多水，对春耕播种以及庄稼的生长发育都很有利；

二是雪中含有很多氮化物，融雪时，氮化物带到土壤中，成为最好的肥料；

三是雪盖在土壤上保温，这对地下过冬的害虫暂时有利。但化雪时，要从土壤中吸收许多热量，这时土壤会突然变得非常寒冷，温度降低，害虫会冻死。

冬天下几场大雪，是来年庄稼获得丰收的预兆→

知识链接

·一场秋雨一场寒·

农谚"一场秋雨一场寒"，这是符合气候客观规律的。因一进入秋季，气候改变很明显，这时天高云淡，风吹来觉得凉爽，不像夏天那样炎热。同时北方冷空气常常南下进入长江下游地区，与南方暖湿空气相遇就形成了雨。一次次冷空气的入侵，常造成一次次的降雨，使气温一次次的降低。另外，在太阳直射光线逐渐向南移时，地面吸收的热量一天天减少，这也有利于冷空气的增强和不断南下。

人类怎么影响气候
——人工降雨

目前，人工增雨、防雹作业中使用的催化剂主要为制冷剂液氮和碘化银人工冰核，每次催化剂的用量很少。作为人工影响天气方式之一，人工消云、减雨技术与人工增雨和防雹使用的催化剂基本相同，但播撒的时间、部位和剂量有所差异。

✦ 霾——人类的灰色"杀手"

霾是空气中的水汽附着在沙尘、污染物及芳香类物质的小微粒周围并悬浮在空气中形成的一种天气现象。从表面上看，霾和雾没什么区别，给人们的印象都是雾蒙蒙的，可从气象学的角度，它们有着本质的区别。雾是空气中的水汽达到饱和以后遇冷凝结成的小水滴悬浮在空气中形成，雾的持续时间较短，一般太阳出来以后就逐渐消失。而霾的形成不需要水汽

达到饱和，只要空气中有足够多的凝结核，风速较小的条件下空气中粉尘、污染物的浓度不被稀释，水汽附着其上就可形成，霾的持续时间较长，有的可长达几天。

由于霾形成需要的凝结核是空气中的污染物，所以这种特殊的天气会给人类的健康带来较大的威胁，成了人类健康的灰色"杀手"：它会影响人类的呼吸系统，有毒致癌物质长期侵袭，严重的会引发肺癌，灰霾天气会使得慢性心血管病人血压不稳定，容易发病危及生命……

✦ 酸雨由来、危害与防治

雨、雪、雾、雹和其他形式的大气降水，pH小于5.6的，统称为酸雨。酸雨是大气污染的一种表现。

酸雨的形成是一种复杂的大气化学变化和大气物理变化。酸雨中含有多种无机酸、有机酸，主要是硫酸和硝酸。酸雨是煤炭、石油以及金属

冶炼过程中产生的二氧化硫、氮氧化物，在大气中经过一系列反应而生成的。酸溶解在雨水中，降到地面即成为酸雨。

酸雨的危害十分严重，它能使湖泊河流酸化，不仅污染水域，还能影响树木的生长；破坏土壤，危害农作物；破坏城市建筑物、机器、桥梁；腐蚀名胜古迹及雕塑。

对酸雨的防治有以下各种措施:减少二氧化硫的排放量，如采用烟气脱硫技术，用石灰浆或石灰石在烟气吸收塔内脱硫。开发无污染的能源也可减少二氧化硫的排放量；调整民用燃料结构，实现燃料气体化，最好能做到城市集中供热；减少烟道气中氮氧化物的排放量；加强对汽车尾气的控制，如限制车速、改进发动机结构和添加防污装置。

人工降水

人工降水，是根据不同云层的物理特性，选择合适时机，用飞机、火箭向云中播撒干冰、碘化银、盐粉等催化剂，使云层降水或增加降水量，以解除或缓解农田干旱、增加水库灌溉水量或供水能力，或增加发电水量等。撒播的方法有飞机在云中撒播、高射炮或火箭将碘化银炮弹射入云中爆炸和地面燃烧碘化银焰剂等，

是人工影响天气中进行得最多的一项试验。中国最早的人工降雨试验是在1958年，吉林省这年夏季遭受到60年未遇的大旱，人工降雨获得了成功。1987年在扑灭大兴安岭特大森林火灾中，人工降雨发挥了重要作用。

人工影响云的微物理过程，可以在一定条件下使本来不能自然降水的云受激发而降水，也可使那些水分供应较多、往往能自然降水的云提高降水效率而增加降水量。但不能自然降水的云能供应的水分较少，因此人工催化的经济价值有限。

知识链接

·人工影响天气需要什么条件·

人工影响天气不是"无中生有"，组织实施人工影响天气作业，应当具备适宜的天气气候条件。

开展人工影响天气作业，需要通过周密的天气分析，跟踪探测有利于降水的云层，根据降水云（系）的宏观与微观结构特征及其发生、发展与演变情况，科学地分析出云层催化条件，并加以科学地组织和实施。为取得最佳的催化效果，人工影响天气在作业过程中需要密切结合天气情况和实际的云降水条件来进行，作业的规模和频次也与天气和云降水的实际情况以及本地区现有的人工影响天气能力紧密相关。

变幻莫测
——气象"塑造"人类生活

人的容貌、性格和行为，并非完全由人类自己主宰，这个"权力"有时还握在大自然的"手心"。人的高矮胖瘦以及容貌的红黄黑白，不仅与人的遗传有关，而且与气候也有一定的关系。在热带地区，高温往往使生活在那里的人性情易暴躁和发怒。居住在寒冷地带的人，往往具有较强的忍耐力。

二十四节气

二十四节气起源于黄河流域。远在春秋时代，就定出了仲春、仲夏、仲秋和仲冬等四个节气。以后不断地改进与完善，到秦汉年间，二十四节气已完全确立。公元前104年，由邓平等制定的《太初历》，正式把二十四节气定于历法，明确了二十四节气的天文位置。

太阳从黄经零度起，沿黄经每运行15度所经历的时日称为"一个节气"。每年运行360度，共经历二十四个节气，每月2个。其中，每月第一个节气为"节气"，即：立春、惊蛰、清明、立夏、芒种、小暑、立秋、白露、寒露、立冬、大雪和小寒等十二个节气；每月的第二个节气为"中气"，即：雨水、春分、谷雨、小满、夏至、大暑、处暑、秋分、霜降、小雪、冬至和大寒等十二个节气。"节气"和"中气"交替出现，各历时15天，现在人们已经把"节气"和"中气"统称为"节气"。

为了便于记忆，人们编出了二十四节气歌诀：春雨惊春清谷天，夏满芒夏暑相连，秋处露秋寒霜降，冬雪雪冬小大寒。随着中国历法的外传，二十四节气已流传到世界许多地方。

天气预报

天气预报就是对未来时期内天气变化的预先估计和预告。

"天有不测风云"，这句话充

地球的秘密

分说明了天气预报的难度。随着科学技术的发展，天气预报的准确率在不断提高，人们根据天气预报，可以适时安排生产和生活，使气象为国民经济建设服务，减少气象灾害的损失。

天气预报是根据大气科学的基本理论和技术对某一地区未来的天气做出分析和预测，这是大气科学为国民经济建设和人民生活服务的重要手段，准确及时的天气预报对于经济建设、国防建设的趋利避害，保障人民生命财产安全等方面有极大的社会和经济效益。天气预报的时限分：1~2天为短期天气预报，3~15天为中期天气预报，月、季为长期天气预报，1~6小时之内则为短临预报（临近预报）。天气预报的主要方法，目前有天气学方法，以天气图为主，配合气象卫星云图、雷达等资料；数值天气预报以计算机为工具，通过解流体力学、热力学、动力气象学组成的预报方程，来制作天气预报；统计预报，以概率论数理统计为手段作天气预报。以上各种方法互相配合、综合应用，并广泛采用计算机作为工具。

感冒与气象变化关系密切

感冒一年四季都会发生，但发生的时间分布不均匀。

医疗气象学家研究证实，感冒与气象要素的变化关系最大。感冒的症状会因季节的不同而有所区别。即所谓的"四时感冒"说："风寒感冒"（冬季受风寒或春季降温所致）、风热感冒（春天温度高或秋冬天升温所致）、夹湿或夹暑感冒（夏季湿度大温度高所致）、夹燥感冒（秋季空气干燥所致）。其中前两种感冒症状是一般的头疼、发热、鼻塞流涕等；而第三种感冒则常伴有胸闷、骨节疼痛症状；夹燥感冒则一般伴有鼻燥咽干、咳嗽无痰或少痰、口渴舌红等症状。

知识链接

天气图指填有各地同一时间气象要素的特制地图。在天气图底图上，填有各城市、测站的位置以及主要的河流、湖泊、山脉等地理标志。气象科技人员根据天气分析原理和方法进行分析，从而揭示主要的天气系统，天气现象的分布特征和相互的关系。

气象对人类的危害
——"冷酷暴虐"的天气

地球上的气候不仅仅有风和日丽的时候，它也有冷酷暴虐的时候。冷雨、雪崩、闪电等极端恶劣天气就常常给我们的生活带来不便，甚至造成损失，威胁到我们的生命。

冷冷的冻雨

冻雨是初冬或冬末春初时节常见到的一种天气现象，是一种灾害性天气。

当较强的冷空气南下遇到暖湿气流时，冷空气像楔子一样插在暖空气的下方，近地层气温骤降到零度以下，湿润的暖空气被抬升，并成云致雨。当雨滴从空中落下来时，由于近地面的气温很低，在电线杆、树木、植被及道路表面都会冻结上一层晶莹透亮的薄冰，气象上把这种天气现象称为"冻雨"。雨水从空中落下来结成冰，这种冰积聚到一定程度时，不仅有害，而且危害不浅。电线结冰

后，遇冷收缩，加上冻雨重量的影响，就会绷断。有时，成排的电线杆被拉倒，使电讯和输电中断。公路交通因地面结冰而受阻，交通事故也因此增多。大田结冰，会冻断返青的冬麦，或冻死早春播种的作物幼苗。另外，冻雨还能大面积地破坏幼林、冻伤果树等。飞机在有过冷水滴的云层中飞行时，机翼、螺旋桨会积水，影响飞机空气动力性能造成失事。

所以，在冻雨天气里，人们应尽量减少外出，如果外出，要采取防寒保暖和防滑措施，行人要注意远离或避让机动车和非机动车辆。司机朋友在冻雨天气里要减速慢行，不要超车、加速、急转弯或者紧急制动，应及时安装轮胎防滑链。

白色魔鬼——雪崩

第一次世界大战期间，发生在阿尔卑斯山脉的一幕惨剧，至今让人记忆犹新：奥地利—意大利战线上，沿着积雪的山口发生了雪崩，数以万计的士兵死于非命。有人因此把雪崩称

地球的秘密

为"白色魔鬼"。1962年南美一场类似的灾难降临到秘鲁，瓦斯卡兰山发生雪崩，300多万吨的"白色魔鬼"在短短几秒钟内吞噬了8个村庄，许多人丧生。1954年冬，美国某车站附近发生大雪崩。雪崩所产生的气浪宛如巨型炸弹的冲击波，将40吨重的车厢举起，并抛到百米之外，同时，使更为笨重的电动机车与车站相撞，车站变成一片废墟。

在我国，积雪山区尤其是永久积雪的高山地区，也常年有"白色魔鬼"逞凶，其中以阿尔泰山及天山西部、西藏东南部最为频繁。20世纪50年代，西藏波密地区曾出现过一次大雪崩。当时一个庞大的雪体从海拔6000米的高山上崩落下来，由于下落的速度快，运动中产生飞跃，翻越一条海拔4000米的山脊，最后堆积在海拔2500米的江水中，阻塞了河道，截断了交通。它所到之处，车毁人亡，森林树木一扫而光，灾害现场至今仍依稀可见。

什么情况下易发生雪崩？不仅巨大的声响，而且极小的震动（一根树枝落下）、刮风、气温忽冷忽热，甚至阴影覆盖都能引导雪崩的发生。比如：有时只要在山里大叫一声，无情的雪崩就伴着死神倒塌下来。

耀眼的力量——闪电

闪电发生时的瞬间最高温度可达近2.7万摄氏度，这是太阳表面温度的4倍多。这个数据足以说明闪电的力量和它的危险性。

闪电常出现在春夏之交或炎热夏天里的雷暴天气中。在雷暴天气里，云与云、云与地面之间电位差不断扩大，达到一定程度后就会发生放电，这时就会雷声隆隆、耀眼的闪电划破天空。

以云对地的闪电为例，当云底与地面之间的电位差越来越大时，云底首先出现被电离的一段气柱，这个气柱以高速逐级伸向地面，在距离地面5～50米左右时，突然放电，电流可能超过1万安培，同时发出强光，这就是闪电的一次闪击。通常3～4次闪击构成一次闪电过程。

如果不小心被闪电击中，人会出现多种长期的虚弱症状，包括记忆力受损、注意力不足、睡眠紊乱、周身麻木、头晕眼花、关节僵硬、肌肉痉挛及不能久坐等。在严重的时候，闪电甚至能够对人的生命构成威胁。

花谢花开的四季
——春去秋来

地球绕太阳公转的轨道是椭圆的，而且与其自转的平面有一个夹角。地球在一年中不同的时候，处在公转轨道的不同位置，地球上各个地方受到的太阳光照是不一样的，接收到太阳的热量不同，因此就有了季节的变化和冷热的差异。

四季是怎么划分的

春、夏、秋、冬称为四季。四季的划分有不同的标准。

天文学上以春分（3月1日前后）、夏至（6月22日前后）、秋分（9月23日）、冬至（12月21日前后）分别作为四季的开始。中国古籍上多用立春（2月4日前后）、立夏（6月5日前后）、立秋（8月8日前后）与立冬（11月8日前后）作为四季的开始。气候统计上，因一般以1月份为最冷月，7月份为最热月，故以阳历3、4、

5月份为春季，6、7、8月份为夏季，9、10、11月份为秋季，12、1、2月份为冬季。这种四季的分法，较适宜于四季分明的温带地区。

中国学者张宝坤结合物候现象与农业生产，提出了另一种分季方法。他以候（每五天为一候）平均气温稳

地球的秘密

定降低到10℃以下作为冬季开始，稳定上升到22℃以上作为夏季开始。候平均气温从10℃以下稳定上升到10℃以上时，作为春季开始。从22℃以上稳定下降到22℃以下时，作为秋季开始。这种分季方法，可以结合各地的具体气候和农业，故运用得较多。

四季的时间一样长吗

你认为四季的时间都一样长吗？不是的，四季的时间并不相等，你只要在日历上计算一下日子就知道了。

这和地球离太阳的远近有关。因为地球绕太阳运行的轨道是一个椭圆形，太阳并不在这个椭圆的中心，而是在这个椭圆的一个焦点上。这样，地球在绕太阳运行的时候，就会离太阳有时近，有时远。地球运行的速度是和太阳引力的大小有关系的；而太阳引力的大小，又和地球距离的远近有关系。如果地球距离太阳远一些，太阳对它发生的引力作用就小一些，那么地球就会走得慢一些；如果地球距离太阳近一些，太阳对它发生的引力作用就大一些，那么地球就会走得快一些。

春季，地球在离开太阳较远的轨道上运行，太阳对它的引力比较小，因此它在轨道上运行就较慢，所

↓春天意味着农忙时期的到来

以春季的时间就长一些。夏季，地球离太阳最远。太阳对它的引力最小，因此它走得最慢，所以夏季的时间最长。秋季，地球已在离太阳较近的轨道上运行，太阳对它的引力比较大一点，因此它的运行速度就比较快，所以秋季的时间就短一些。到了冬季，地球离太阳最近，太阳对它的引力最大，它也走得最快，所以冬季的时间最短。

❖ 何谓"倒春寒"

倒春寒，指初春（北半球一般指3月）气温回升较快，而在春季后期（一般指4月或5月）气温较正常年份偏低的天气现象。它主要是由长期阴雨天气或冷空气频繁侵入，或常在冷性反气旋控制下晴朗夜晚的强辐射冷却等原因所造成的。如果后春的旬平均气温比常年偏低2℃以上，则认为是严重的倒春寒天气，可以给农业生产造成危害，特别是前期气温比常年偏高而后期气温偏低的倒春寒，其危害更加严重。简单来说意思就是：在春季，天气回暖的过程中，因冷空气的侵入，使气温明显降低，因而对作物造成危害，这种"前春暖，后春寒"的天气称为倒春寒。

倒春寒是一种常见的天气现象，不仅中国存在，日本、朝鲜、印度及美国等都有发生，其形成原因并不复杂。一般来说，当旬平均气温比常年偏低2℃以上，就会出现较为严重的倒春寒。而冷空气南下越晚越强、降温范围越广，出现倒春寒的可能性就越大。

俗话说："春天孩儿脸，一天变三变。"这说的就是春天的气候。春天是个气候多变的季节，虽然春季逐步回暖，但早晚还是比较寒冷，冷空气活动的次数也较为频繁，有的年份还会出现明显的倒春寒。过早脱去棉衣，一旦冷空气来袭，可能会一下子适应不了，身体的抵抗力也会下降，很容易着凉感冒，甚至发热。特别是体质虚弱的老年人和抵抗力较弱的儿童，要穿得稍多一点，避免感冒及诱发其他疾病。

知识链接

什么是"冷冬"和"暖冬"

一般来讲，冬季是指头一年的12月到下一年的2月。气候专家把冬季冷暖这一现象分成暖冬和冷冬，气象上是如何界定"冷冬"和"暖冬"的呢？参考气象学上的暖流、暖锋、冷锋、暖气团等概念，要确定它是"暖冬"还是"冷冬"，即某年某一区域整个冬季（全国范围冬季为上年12月到次年2月）的平均气温明显高于常年值或称气候平均值（常年值一般取近30年平均，自2002年开始我国根据WMO的规定起用1971～2000年30年平均值作为常年值）时，称该年该区域为暖冬，否则为冷冬。

神奇的世界

第六章　奇妙的动物

——游走在荒野中的神秘生命

　　"荒野"也即原生自然。强烈主张保护"荒野"的学者缪尔认为，不仅是动植物，就是岩石、水等自然物质也有神灵之光；利奥波德认为，荒野应包括土壤、水、植物、动物，也就是说应扩大到集结了上述物质的"大地"，由此动物和人类共同分享着"大地"。不同种类的动物由于所处的自然环境不同，具有不同的生理和习性。

身怀绝技的昆虫
——小小昆虫的"技能大赛"

最近的研究表明，全世界的昆虫可能有1000万种，约占地球所有生物物种的一半。但目前有名有姓的昆虫种类仅100万种，占动物界已知种类的2/3～3/4。由此可见，世界上的昆虫还有90%的种类我们不认识；按最保守的估计，世界上至少有300万种昆虫，那也还有200万种昆虫有待我们去发现、描述和命名。现在世界上每年大约发现1000个昆虫新种，它们被收录在《动物学记录》中。

"建筑大师"白蚁

白蚁是一种多形态、群居性而又有严格分工的昆虫，群体组织一旦遭到破坏，就很难继续生存。全世界已知白蚁2000多种，分布范围很广。中国除澳白蚁科尚未发现外，其余4科均有，共达300余种。

白蚁所筑的蚁冢既坚固又实用，可供数百万只白蚁栖息，内里有产卵室、育幼室、隧道（也称通道，取地下水湿润巢穴）、通风管（利用空气对流维持蚁冢常温），即便顶级的建筑师也不能与之相比。非洲与澳大利亚的高大白蚁冢，常由十几吨的泥土所砌成，有5～6米高（最高9米），呈圆锥形塔状，为当地特有景观。

"小劳模"蜜蜂

蜜蜂完全以花为食，包括花粉及花蜜，后者有时调制储存成蜂蜜。蜜蜂为取得食物不停地工作，白天采蜜、晚上酿蜜，同时替果树完成授粉任务，是农作物授粉的重要媒介。

↓蜜蜂

一只蜜蜂酿吐一千克的蜜，要用上33333个工作小时，吮吸3333朵花蕊。要酿出500克蜂蜜，工蜂需要来回飞行37000次去发现并采集花蜜、带回蜂房。

蜜蜂的翅膀每秒可扇动200～400次，蜜蜂飞行的最高时速是40千米，当它满载而归时，飞行时速为20～24千米。一个蜂巢平均有5万个蜂房，居住着35000只忙碌的蜜蜂。一只蜜蜂毛茸茸的身体上能粘住5万～75万粒花粉。一汤匙蜂蜜可以为蜜蜂环绕地球飞行一圈提供足够的能量。

❖❖ 身披雨衣的蝴蝶

蝴蝶，全世界大约有14000余种，大部分分布在美洲，尤其在亚马孙河流域品种最多，在世界其他地区除了南北极寒冷地带以外，都有分布。我国台湾也以蝴蝶品种繁多著名。蝴蝶一般色彩鲜艳，翅膀和身体有各种花斑，头部有一对棒状或锤状触角（这是和蛾类的主要区别，蛾的触角形状多样）。触角端部加粗，翅宽大，停歇时翅竖立于背上。最大的是澳大利亚的一种蝴蝶，展翅可达26厘米；最小的是灰蝶展翅，只有15毫米。蝶类成虫吸食花蜜或腐败液体；多数幼虫为植食性。大多数种类的幼虫以杂草或野生植物为食。少部分种类的幼虫因取食农作物而成为害虫。还有极少种类的幼虫因吃蚜虫而成为益虫。

蝴蝶翅膀上的鳞片不仅能使蝴蝶艳丽无比、还像是蝴蝶的一件雨衣。因为蝴蝶翅膀的鳞片里含有丰富的脂肪，能把蝴蝶保护起来，所以即使下小雨，蝴蝶也能飞行。

知识链接

·怎么识别昆虫·

谈到昆虫，也许我们已经很熟悉了。如彩色纷飞的蝴蝶，访花酿蜜的蜜蜂，吐丝结茧的蚕宝宝，引吭高歌的知了，争强好斗的蟋蟀，星光闪烁的萤火虫，身手矫健、形似飞机的蜻蜓，憨厚可爱的小瓢虫，举着一对大刀、怒目圆睁的螳螂，令人讨厌的苍蝇、蚊子、蟑螂等等。那么，到底什么样的虫才算是昆虫？昆虫具有3对足，一般还有2对翅（有些一对，如苍蝇等，有些没有，如蚂蚁等），身体的环节分别集合组成头、胸、腹三个体段，但不分部，头部是感觉和取食中心；腹部是生殖与代谢中心。

↑蝴蝶

哺乳动物
——荒野中的"动物园"

哺乳动物具备了许多独特特征，因而在进化过程中获得了极大的成功。最重要的特征是：智力和感觉能力的进一步发展；保持恒温；繁殖效率的提高；获得食物及处理食物的能力的增强；胎生，一般分头、颈、躯干、四肢和尾五个部分；用肺呼吸；脑较大而发达。哺乳和胎生是哺乳动物最显著的特征。

❖ 有育儿室的袋鼠

所有袋鼠，不管体积多大，有一个共同点：长着长脚的后腿强键而有力。袋鼠以跳代跑，最高可跳到4米，最远可跳至13米，可以说是跳得最高最远的哺乳动物。大多数袋鼠在地面生活，从它们强健的后腿跳跃的方式很容易便能将其与其他动物区分开来。袋鼠在跳跃过程中用尾巴进行平衡，当它们缓慢走动时，尾巴则可作为第五条腿。袋鼠的尾巴又粗又长，长满肌肉。它既能在袋鼠休息时支撑

袋鼠的身体，又能在袋鼠跳跃时帮助袋鼠跳得更快更远。

所有雌性袋鼠都长有前开的育儿袋，育儿袋里有四个乳头。"幼崽"或小袋鼠就在育儿袋里被抚养长大，直到它们能在外部世界生存。

↓袋鼠

"素食者"大猩猩

由于长着粗鲁的面孔和巨大的身材，大猩猩看起来好像十分吓人，尤其是影片把大猩猩金刚刻画成长有獠牙的肉食动物的形象。但如果仔细观察大猩猩的牙齿，会发现其实它并没有可怕的獠牙。实际上，大猩猩是非常平和的素食者。它们大部分时间都在非洲森林的家园里闲逛、嚼枝叶或睡觉。据估计，一只成年雄性大猩猩，一天要吃掉28千克食物，全部都是植物，相当于200个大苹果和60棵白菜。

令人奇怪的是，大猩猩几乎从来不喝水，它们所需要的全部水分都从所吃的植物中获得。它们特别喜欢吃香蕉树多汁而且带点苦味的树心，对于大猩猩来说，香蕉树的树心是一种最好的食物。

智慧的狐狸

刺猬浑身是刺，因而天敌很少，而狐狸对它却自有一套办法。如果离水近，狐狸就把刺猬拖到水里，刺猬一落水，刺就会自动地舒展开来，狐狸则趁机咬住刺猬柔软的腹部，然后将它抛到高空，反反复复地摔个四五次，直到将它摔昏为止。刺猬昏死过去后，刺慢慢展开，狐狸就可以美美地享受一顿刺猬肉了。

狐狸对付兔子的诡计就更多了。它欺负兔子是近视眼，经常利用地形将自己藏起来，埋伏在兔子的必经之处。兔子发现狐狸后，赶快逃跑，狐狸在后面紧追不舍。兔子前肢短，后肢长，上山迅速，下山时则跌跌撞撞地跑不快。借着下坡的惯性，狐狸会像箭一样扑过去，把兔子按倒在地。更有趣的是，这时狐狸还会学兔子的叫声，听上去就像是两只兔子在嬉戏。其他的兔子不知是计，赶过来看热闹，结果也成了狐狸的囊中之物。

知识链接

·哺乳动物的视力·

大多数哺乳动物只能感受两种原色，而爬行类和鸟类的色觉是四原色的。这是因为在演化早期，为了避免与占据生态位优势的主龙类在同一时间活动，哺乳动物多是夜行性的，于是在这段漫长的时间里便逐渐丧失了对色彩的敏感。人类所属的灵长目则通过基因突变重新获得了三原色色觉。一般来说肉食性哺乳动物的眼睛都长在头部正前方，以便注视猎物的同时准备袭击动作。而草食性的被捕猎的羚羊的眼睛则长在头部靠上的两侧以获得更好的视野。夜行性的哺乳动物有着敏锐的视觉和大型的眼睛，例如猫的瞳孔能根据环境光而变化大小，具备极强的夜视能力。

←狡猾的狐狸

天空的使者
——所有鸟都会飞吗

大多数鸟类都会飞行，少数平胸类鸟不会飞，特别是生活在岛上的鸟，基本上也失去了飞行的能力。不能飞的鸟包括企鹅、鸵鸟、几维（一种新西兰产的无翼鸟）以及绝种的渡渡鸟。当人类或其他的哺乳动物侵入到他们的栖息地时，这些不能飞的鸟类将更容易遭受灭绝之灾，例如大的海雀和新西兰的恐鸟。

纯真善良的天鹅

《诗经》中有"白鸟洁白肥泽"的记载，至今日语中的"白鸟"就是指天鹅。西方文化中，将文人的临终绝笔称之为"天鹅绝唱"。天鹅体型大，颈部长，其中体型最大的种类不仅属于体型最大的游禽之列，也是飞禽中体型最大的成员之一。南半球的天鹅体型相对小些。天鹅都是受人类喜爱的水鸟，以形态优雅而著称，常出现于公园之中。天鹅雌雄两性同色

或基本同色，北半球的4种天鹅羽毛纯白，其中疣鼻天鹅是天鹅中体态最优雅的，也是体型较大的种类。疣鼻天鹅原产于欧亚大陆，后被引进到北美、南非、澳大利亚和新西兰等很多地区。疣鼻天鹅是天鹅中数量最多，在欧洲的公园常能见到，但在我国却是3种天鹅中数量最少的。

"笨重"的飞行者——大鸨

由于体重较大，大鸨平常起飞时需要在地上小跑几步，助跑时头部抬起，嘴向前伸水平位，颈稍弓向前

纯真美丽的天鹅→

↑笨重的大鸨

巧的脚蹼，修长的翅膀，尖锐的嘴啄，巨大的翼骨。因为重情，所以又被称为"长翼的海上天使"，又因滑翔好，被称为"杰出的滑翔员"。因为双名美誉，更为它添上了奇幻的色彩。与其他信天翁一样，漂泊信天翁也是一种杂食动物。一般重百斤不到，翅比较长，体长110厘米，可翅长却达到了275厘米。羽毛纯白，翅尖却是黑的，每两年脱一次羽。漂泊信天翁善潜水，是最会潜水的信天翁，可以下潜12米深。它的胃也很奇特，会因为天气的变化而改变食物的种类。漂泊信天翁的繁殖力低，一般10岁后产仔（可活30年）。一胎只有一只，其间孵化要78天，看护20天，还要定期喂食，一共365天，相当于一年产一只。

上方倾斜，双翅展开，重心前倾，双脚有节奏地向前大步跨出，随着助跑速度的加快，其扇动双翅的频率也加快，直至双脚离开地面飞起。但在紧急情况时可以直接飞起。飞行时颈、腿伸直，两翅平展，两腿向后伸直于尾羽的下面，翅膀扇动缓慢而有力，飞行高度不算太高，但飞行能力很强，在迁徙的途中常采用翱翔的方式，所以它也是当今世界上最大的飞行鸟类之一。

"杰出的滑翔员"——信天翁

漂泊信天翁的外形很美丽：小

知识链接

·飞行最远的鸟·

飞行最远的鸟类：北极燕鸥是飞得最远的鸟类。它是体型中等的鸟类，习惯于过白昼生活，所以被人们称为"白昼鸟"。当南极黑夜降临的时候，便飞往遥远的北极，由于南北极的白昼和黑夜正好相反，这时北极正好是白昼。每年6月在北极地区"生儿育女"，到了8月份就率领"儿女"向南方迁徙，飞行路线纵贯地球，于12月到达南极附近，一直逗留到翌年3月初，便再次北行。北极燕鸥每年往返于两极之间，飞行距离达4万多千米。因为它总是生活在太阳不落的地方，人们又称它"白昼鸟"。

动物有思维吗
——"高智商"的动物

科学家发现，有些动物具有一定的思维能力。比如有人落水的时候，海豚迅速地把落水者托出水面，送到岸边；比如野生黑猩猩能够想办法用树枝将蚂蚁粘出吃掉，甚至还可以学会与人"交谈"……专家们还发现，动物有数字方面的思维能力，如鸟、大象、猴、猪、大白鼠、猩猩都有形成整数概念的能力。我国科学家也发现恒河猴具有辨别数目多少的能力。

人类的近亲黑猩猩

我们人类拥有智力，黑猩猩也肯定有一定的智力，因为人和黑猩猩的基因有98%是相同的。它们能制造和使用工具，有组织地打猎，猩猩中间也存在暴力行为等。野外观察和实验室研究显示，黑猩猩不仅能感情移入，还有利他主义和自我意识。实验结果显示，黑猩猩在许多记忆测试中比人得分高。一些黑猩猩经过训练不但可掌握某些技术、手语，而且还能动用电脑键盘学习词汇，其能力甚至超过两岁儿童。

有个惊人的事实：黑猩猩甚至会去吃他们的近亲——其他灵长目动物，如疣猴、狒狒等。他们甚至向同类不同群的黑猩猩发起进攻，从而得到领地和食物，类似于人类的战争。

拥有自我意识的大象

从它们头脑的绝对尺寸显示，

↓拥有自我意识的大象

大象一定明白事理。研究人员发现，大象会安慰家庭成员，在需要时及时帮助其他动物物种，在水中嬉戏，通过震动双脚与对方进行交流。科学家说，他们的最大收获是一头名为"幸福"的亚洲雌象在镜子里认出了自己。这种复杂行为只有人、类人猿和海豚才有。在非洲肯尼亚进行的一项研究表明：非洲大象能辨认其他100多头大象发出的叫声，哪怕是在分开几年之后。

英国一所大学研究人员在位于肯尼亚的国家公园录制了一些非洲大象母亲用来进行联系的低频的呼声，这些声音是大象用来确认个体，也是用它组成一个复杂社会的一部分。对于它们之间如何联络的记忆也保持得相当持久。当把一头已经死了两年的大象的声音播给它的家庭成员时，它们仍然回应而且走近声源。

松鼠也是骗术高手

松鼠会耍阴谋诡计吗？可能会。研究人员最近报告说，松鼠会精心制作带有欺骗性的储藏室，让小偷找不到自己的食物。试验过程中，在看到有人偷它们的花生后，松鼠的这种骗人伎俩便会更多出现。研究人员称，他们找到了证明松鼠能够理解同伴意图的证据，虽然这只是一种后天学习行为而不是先天性行为。其他研究显示，松鼠能够在脑中绘制一幅三维地图，进而回忆起坚果的储藏地点。在所有松鼠中，加利福尼亚的松鼠可能是最聪明的，它们会用响尾蛇的气味掩盖自己的气味，并以此防身。

知识链接

·灵巧的乌鸦·

乌鸦是一种"心灵手巧"的动物，它们可以以小树枝、羽毛和其他碎片这些工具，诱捕猎物。一只名叫贝蒂的乌鸦会把一根直铁丝弯成钩子，然后用它取回管子里的食物。这些鸟生下来就有制造工具的天赋，只是需要通过观察才能熟练掌握它们的技能，而这正是智商高的证据。研究显示，大乌鸦能熟练利用社交影响得到更多保护和食物。

↓聪明可爱的松鼠

濒临灭绝的珍稀动物
——下一个灭绝的动物是什么

人类，站在生物世界金字塔尖上，对这个蓝色的星球拥有绝对的统治权，无节制地拥有许多生物的生杀大权。然而，在疯狂攫取资源，发展人类自身的同时，其他物种的命运，不再是自然选择，而竟是"物竞人择"。人类的骄横加上残酷大自然的摧残，让一些生物正濒临灭绝。这不仅影响着微妙的自然平衡，还影响着自然给人类安排的道路。

咯咯笑的熊狸

熊狸属于夜行性动物，有时亦在上午活动。曾发现它们与灰叶猴和白颊长臂猿一起活动和觅食。熊狸栖息于热带雨林或季雨林中，尖锐的爪及能抓能缠的尾巴使其在高大树上攀爬自如，能在树枝间跳跃攀爬寻找食物，同时利用尾巴缠绕树枝协助维持平衡。它们的后肢能往后弯曲成很大的角度，以便头朝下从树上爬下来。

它们常年生活在树上，是典型的树栖动物。

熊狸晨昏活动较频繁，熊狸虽然属于食肉目，但是犬齿不发达，切齿也和其他食肉类不同。主要以果实、鸟卵、小鸟及小型兽类为食。熊狸在受威胁时会变得异常凶猛，而在开心的时候会发出咯咯笑的声音。

懒惰的蜂猴

蜂猴，别名懒猴、风猴，属懒猴科。蜂猴可分为9个亚种，中国有2种，分布于云南和广西，数量稀少，濒临灭绝，属国家一级保护动物。白天蜷缩睡觉，行动缓慢，而且只能爬

蜂猴，分布于云南和广西，数量稀少，濒临绝灭，属国家一级保护动物→

地球的秘密

行，不会跳跃，因而又称懒猴。蜂猴动作虽然慢，却也有保护自己的绝招。由于蜂猴一天到晚很少活动，地衣或藻类植物得以不断吸收它身上散发出来的水气和碳酸气，竟在蜂猴身上繁殖、生长，把它严严实实地包裹起来，使它有了和生活环境色彩一致的保护衣，很难被敌害发现。

温顺的亚洲象

亚洲象是亚洲大陆现存最大的动物，一般身高约3.2米，重可超5吨。亚洲象是列入《国际濒危物种贸易公约》濒危物种之一的动物，也是我国一级野生保护动物，我国境内现仅存300余头。

人类对土地的侵占导致亚洲象栖息地的丧失，这也成为亚洲象生存的最大威胁。农民认为它是有害动物而捕杀。盗猎以获取象牙也是威胁之一，但因为亚洲象只有雄性才长象牙，故不似非洲象所受盗猎威胁那么严重。但是随着技术的不断创新，传统对圈养亚洲象的利用如伐木等越来越少，圈养亚洲象也无用武

之地，许多原大象的饲养者不得不带着大象在街头乞讨为生。还有一些亚洲象因为事故、受伤或虐待而死，或无法获得充分的照顾。

亚洲象比非洲象温顺且体型较小，很容易被人驯化。

知识链接

·濒危物种是什么·

濒危动物是指所有由于物种自身的原因或受到人类活动或自然灾害的影响，而有灭绝危险的野生动物物种。地球上的生物多样性正在高速下降，许多物种面临着灭绝的威胁。威胁野生动植物生存的主要因素是栖息地丧失、商业开发以及野生动植物及其产品的国际贸易。资源十分有限，我们必须有的放矢地针对物种的濒危等级提出具体的保护措施。我们可以根据物种濒危程度制定相应的法律，通过建立自然保护区、濒危物种繁育中心等保护生物学手段，对濒危物种实施就地保护和易地保护。同时，必须限制濒危野生动植物的国际贸易，并制定法律保护濒危物种。

←亚洲象

可怕的动物
——噩梦的缔造者

它们是噩梦的缔造者，是我们想象的恐怖的化身。这些想象有的是误解，有的则是确有其事，哪些动物最让我们害怕？最令人毛骨悚然的动物有哪些？对人类最有威胁的可怕动物是谁？当然对动物正常的畏惧，始终是我们人类应该有的准备。

"吸血鬼"蝙蝠

吸血蝙蝠是哺乳动物中特有的吸血种类。分布在美洲中部和南部，体型小，最大的体重不超过30~40克。头骨和牙齿已高度特化，颊齿在数量和大小上趋于减少（小），是最特化的种类。上犬齿特大且呈刀状，均有异常锐利的"刀口"。白齿小而无机能，拇指长而强有力，后肢强大，能在地上迅速跑

动，甚至能短距离跳跃。吸血蝙蝠飞行力强，无尾，具鼻叶，因而曾隶属于叶鼻蝠科，是名副其实的以血为食的类群。吸血蝙蝠的寿命较长，平均寿命为12年。一般来说一只吸血蝙蝠一生所吸的血达100升左右。吸血蝙蝠如此大量吸血，在一些地区妨碍家畜生长，也由于它传播狂犬病和其他

↑ 吸血蝙蝠

疾病，因此它们是令人讨厌的动物。吸血蝙蝠偶尔也吸人血。

"毒"名远扬的眼镜蛇

眼镜蛇是眼镜蛇科中的一些蛇类的总称，主要分布在亚洲和非洲的热带和沙漠地区。眼镜蛇最明显的特征是颈部，该部位肋骨可以向外膨起用以威吓对手。因其颈部扩张时，背部会呈现一对美丽的黑白斑，看似眼镜状花纹，故名眼镜蛇。

眼镜王蛇尤其可怕，专以吃蛇为生，令众多蛇类闻风丧胆，在它的地盘休想有其他蛇生存。一旦它受到惊吓，便凶性大发，身体前部高高立起，吞吐着又细又长、前端分叉的舌头，头颈随着猎物灵活转动，猎物想逃，可没那么容易！最可怕的是，即使不惹它，它也会主动发起攻击。被它咬中后，大量的毒液会使人不到1小时就死亡。

喷血的角蜥

角蜥有一种非常奇特的自卫法宝，常常要到十分危急、关系到生死存亡的时候才会施展出来。因为一些猛兽十分狡猾，它们似乎知道角蜥身上的匕首状鳞片的厉害，常常先不用嘴巴咬，而是企图用脚爪撕踏它，把它弄死后再吃掉。遇到这种情况，角蜥就开始大量吸气，使自己的身躯迅

速膨大，然后眼角边的窦破裂，突然从眼睛里喷出一股殷红的鲜血来，射程为1~2米，敌害则肯定会被这迎面喷来的鲜血吓得惊慌失措，角蜥就可以趁机逃之夭夭了。

有一些生理学家对角蜥的喷血现象进行了实验。经过研究查明：角蜥喷出的确是鲜血。它在喷血之前，有一束闭孔肌会压迫主血管，使脑血管的血压升高。这个压力对眼睛瞬膜里的娇嫩血管来说是非常之高，足以导致血管破裂，使鲜血喷出。当然，如果对人类来说，这种现象就太可怕了，因为血管破裂就将意味着脑溢血，会有生命危险。但角蜥头部血管中的局部高血压，不仅不会对它的生命构成威胁，反而可以用这种"危险的游戏"来吓跑敌害，从而拯救自己的生命。

知识链接

·吸血成性的蚊子·

蚊子也是通过吸血传播疾病的，了解蚊子的吸血习性能察知其与疾病的关系。

只有雌蚊才吸血，雄性不会吸血。雌蚊必须吸血，其卵巢才能发育，繁衍后代。温度、湿度、光照等多种因素可影响雌蚊的吸血活动。气温在10℃以上时开始吸血；有的蚊子偏嗜人血，有的蚊子则爱吸家畜的血，但没有严格的选择性，因此蚊子可传播人畜共患病。

可爱的动物
——动物界中的"乖宝宝"

在广阔的大自然里，生活着各种各样奇妙有趣的动物。它们有的憨态可掬，捧着美味尽情享受；有的身材圆润，行动迟缓；有的心灵嘴巧，能编出漂亮的小"靴子"；有的诙谐幽默，让人捧腹；有的聪明伶俐，惹人喜爱……

黑眼圈的国宝

大熊猫起源于900万年以前，历经自然历史的变迁而顽强生存到了现在，成为了人类的朋友和邻居，并演变成了以竹为食的非凡家族。它那毛茸茸、黑白相间的亮丽外表，憨态可掬、温驯善良的形象和独具魅力的风采及奇特秉性，以及独有的黑眼圈，深受世界人民的喜爱，成为了和平友好的使者。大熊猫作为自然界一种现存的早期生物，对研究自然界及其生物的演化过程有极高的科学研究价值，使世界不少学者倾其毕生精力以

求取得特殊意义的突破。如何保护好这一濒危物种，使其繁衍生存下去，是所有大熊猫科研保护机构的神圣使命，也是全人类共同的责任。

大熊猫为什么有黑眼圈？为什么体内会有专门消化竹子的酶？所有这些对现代人来说都还是个谜。不过大熊猫的这些秘密，都有望通过基因组研究一步步揭开。目前，科学家们对大熊猫的发育细节、营养均衡、生殖繁育、疾病防治等还只是初步认识，通过基因组测序项目，可以为这些研究提供更加科学的依据。

天然呆的企鹅

企鹅是地球上数一数二的可爱动物。和鸵鸟一样，企鹅是一群不会飞的鸟类。虽然现在的企鹅不能飞，但根据化石显示的资料，最早的企鹅是能够飞的。直到65万年前，它们的翅膀慢慢演化成能够下水游泳的鳍肢，成为目前我们所看到的企鹅。企鹅身体肥胖，它的原名是"肥胖的鸟"。

地球的秘密

↓有绅士风度的企鹅

但是因为它们经常在岸边伸立远眺，好像在企望着什么，看上去呆呆的样子，因此人们便把这种肥胖的鸟叫做企鹅。

企鹅性情憨厚、大方，十分逗人。尽管企鹅的外表道貌岸然，显得有点高傲，甚至盛气凌人，但是，当人们靠近它们时，它们并不望人而逃，有时好像若无其事，有时好像羞羞答答，不知所措，有时又东张西望，交头接耳，唧唧喳喳。那种憨厚并带有几分傻劲的神态，真是惹人发笑，也许，它们很少见到人，是一种好奇的心理使然吧。

企鹅不会飞，善游泳。在陆上行走时，行动笨拙，脚掌着地，身体直立，依靠尾巴和翅膀维持平衡。遇到紧急情况时，能够迅速卧倒，舒展两翅，在冰雪上匍匐前进；有时还可在冰雪的悬崖、斜坡上，以尾和翅掌握方向，迅速滑行。

懒得逃命的懒小子

树懒是唯一身上长有植物的野生动物，它虽然有脚但是却不能走路，靠的是前肢拖动身体前行。所以它要移动2千米的距离，需要用时1个月。尽管如此，在水里它却是游泳健将，对于树懒来说最好的食物是低热量的树叶，吃上一点要用好几个小时来消化。人们往往把行动缓慢比喻成乌龟爬，其实树懒比乌龟爬得还要慢。树懒生活在南美洲茂密的热带森林中，一生不见阳光，每周在排便的时候才下树，以树叶、嫩芽和果实为食，吃饱了就倒吊在树枝上睡懒觉，可以说是以树为家。

树懒是一种懒得出奇的哺乳动物，什么事都懒得做，甚至懒得去吃，懒得去玩耍，能耐饥一个月以上，非得活动不可时，动作也是懒洋洋的极其迟缓。就连被人追赶、捕捉时，也好像若无其事似的，慢吞吞地爬行。像这样，面临危险的时刻，其逃跑的速度还超不过0.2米/秒。

知识链接

·海中智叟·

提起海豚，人们都会自然想到它拥有超常的智慧和能力。海豚能够按照训练师的指示，表演各种美妙的跳跃动作，似乎能了解人类所传递的信息，并采取行动，人们不禁惊叹这美丽的海洋动物如此地聪明。那么，海豚的智慧和能力究竟高到什么程度？它们和人类之间的相互沟通有没有日益增进的可能？从海豚脑部的构造及生态特性看，应该是人类认真思考地球智慧生命进化关系的时候了。

"自强"的动物
——自然界中的"自由膨胀者"

食肉动物暗中寻找目标，被捕食者需要采取保护措施。这些道理众所周知：要想得到你想要的，你就必须变得更强大。下面九种动物拥有同样的武器：当它们遇到危险时，确实能通过增大自己的体积来威慑对方。

蛇中之王——眼镜蛇

蛇显然非常危险，但是毒蛇更危险，眼镜蛇会让面对它的任何人或动物相信：他们陷入了大麻烦中。在眼镜蛇因受刺激直立起来时，它脖子里的肌肉会像"头罩"一样展开，从视觉上增大头部的体积。从某种程度上来说，一些眼镜蛇其实是画蛇添足，它们的"头罩"上长着眼状斑纹，虽然从远处看蛇的脑袋显得更大，但是从近处一眼就能看出那是假的，不过这时就太迟了。

憨态可掬的海象

海象非常大，最大的海象体长22.5英尺（6.9米），重达1.1万磅（5000千克）。在陆地上行动笨拙的海象，更擅长生活在海洋里，进入水中的它们如鱼得水，行动非常灵活、优雅。海象游得很快，因为在海洋里有很多食肉动物喜欢吃它们，例如大白鲨和其他大型鲨鱼。但是雄海象会通过展示自己的庞大身体和声音，来迎击对手的挑衅。他们会通过鼓鼻子，让自己看起来更有威胁

地球的秘密

海象→

性。这一招有时还真管用，甚至会在对手发起致命攻击前，把它吓跑。

不容易接近的刺鲀鱼

刺鲀鱼想让自己看起来更大、更凶猛时，它们会大口大口的喝水。一些种类的鲀鱼在膨胀时，成排的刺毛会竖起来，这一特点让它们比其他类型的鲀鱼更强一些。尽管如此，对小鱼来说，海洋环境仍是凶险重重。即使看起来像一个长满刺的球，它们仍无法阻止大鲨鱼的进攻，海洋中到处都有鲨鱼。这也是一些鲀鱼增加有毒保护层的原因。事实上刺鲀鱼是地球上毒性位居第二的脊椎动物，毒性仅次于黄金箭毒蛙。

长满"肉瘤"的蟾蜍

蟾蜍身上长着很多肉瘤，非常丑陋难看。然而对食肉动物来说，看起来难看并不会影响蟾蜍吃起来的味道。虽然人类几乎都会像躲避瘟疫一样躲开它们，但是其他小型到中型动物都喜欢捕食它们，例如其他体型更大的蟾蜍。蟾蜍通过吸气，让身体膨胀起来，并用四条腿把身体撑起来，让自己看起来更大，来威慑攻击者。澳大利亚的甘蔗蟾蜍用来防御敌人的武器具有毒性。据说这是它们臭名昭著的主要原因：试图吃甘蔗蟾蜍的大型哺乳动物，会弄得满嘴都是蟾蜍毒

液，最初它们会食之无味，最后会一命呜呼。

"有红色围巾"的雄性军舰鸟

军舰鸟在热带地区筑巢，生活在那里它们很容易找到食物，例如鱼和小海龟等海洋生物。雄军舰鸟会向"女士们"展示它们胸部的鲜红色"喉囊"，通过充气，雌军舰鸟会认为它们的喉囊很耀眼，很美观。雌鸟没有这种喉囊，只有一些白色羽毛。军舰鸟还会通过骚扰其他带着猎物归来的海鸟而获得食物。通过对其他正在飞行的鸟儿进行干扰，它们经常会得到从其他海鸟嘴里掉落下来的食物。

知识链接

·自然界中的"伊丽莎白"·

伞蜥蜴又叫皱褶蜥蜴，是一种最有名的"膨胀"动物，平时它们看起来毫无生气，非常小、很瘦，甚至可以称得上是骨瘦如柴，但是当它们决定改变旁观者对它们的看法时，它们会发生很大变化。蜥蜴脖子上悬垂的皮肤突然展开，就像伊丽莎白穿着的衣服一样展示着自己的权威，因此伞蜥蜴在动物界就有了"伊丽莎白"的别称。对人类来说，这种伪装看起来似乎有点愚蠢，但是对饥饿的猫鼬或其他哺乳动物来说，这种方法足以打消它们的食欲。

神奇的世界

第七章　趣味植物

——鲜为人知的秘密生活

　　人类对植物的认识最早可以追溯到旧石器时代，人类在寻找食物的过程中采集了植物的种子、茎、根和果实。1593年，中国明朝的李时珍完成了《本草纲目》的编写，全书收录植物药881种，附录61种，共942种，再加上具名未用植物153种，共计1095种，占全部药物总数的58%。李时珍把植物分为草部、谷部、菜部、果部、本部五部，又把草部分为山草、芳草、湿草、毒草、蔓草、水草、石草、苔草、杂草等九类。

　　人们一直未停止过追寻植物神秘面纱的脚步。

奇趣无穷的植物世界
——植物的生活习性

在我们周围，生存着种类繁多、数量庞大的植物，它们生活习性非常复杂，有水生的，也有旱生的；有直立的，也有攀援的；有群居的，也有寄生的；有孢子繁殖的，也有种子繁殖的。它们在许多方面都与人很相似：一年长一岁，它们也有智慧、有血型、有喜怒哀乐，有的爱听音乐、有的嗜酒如命、有的疾恶如仇、有的善于伪装、有的温顺、有的脾气暴躁……为了适应环境，在漫长的年代里，它们不断产生变异，通过自然选择，形成了这个千奇百怪、奇趣无穷的植物世界。

秋天为什么会落叶

当秋天悄然来临的时候，空气变得干燥起来，树叶里的水分通过叶表面的很多空隙大量蒸发，同时，由于天气变冷，树根的作用减弱，从地下吸收的水分减少，使得水分供不应求。如果这样下去，树木就会很快枯死，为了继续生存下去，在树叶柄和树枝相连处将

形成离层，离层形成以后，稍有微风吹动，便会断裂，于是树叶就飘落下来了，水分不再往树叶输送。树叶脱落以后，剩下光秃秃的枝干，树木对水分的消耗减少了，使得树木可以安全地过冬了，所以树木落叶也是有益的。

仔细观察后，你将发现：秋天的时候，越是挂在树梢的叶子越是最后落下。这是因为树木在生长的过程中，总是力求向更大的空间发展，因此它总是将大量的营养成分痛痛快快地输送到树枝里，好让树枝更快地向外生长。树梢在树体营养的供应下，一节节地向上长，向上生长的过程里又不断地长出新叶，这些新叶担当大树制造"口粮"的任务。树梢一直享受着营养充足的待遇，当大树不再提供营养，其他的部分差不多都落叶的时候，树梢还能靠以前的"储蓄"使短期内叶绿素不遭到破坏。这样的枝梢的叶子就是大树上最后落下来的叶子了。

植物有性别吗

当你欣赏着鲜艳的花朵时，你

地球的秘密

会意识到所欣赏的花蕊是植物的两性生殖器官——柱头和花药吗？沿着柱头下去就是子宫，相当于雌性器官；花药是雄性器官，藏着成千上万个花粉。以上所描述的是一朵花中包含有两种生殖器官，它们属于两性花。像月季、百合、玉兰等都是两性花，属于雌雄同株同花类的植物。

还有一些植物，如玉米、南瓜、马尾松等在同株植物上形成两种性别的花，属于雌雄同株异花类植物。但对于杨、柳、银杏、罗汉松等，则有明显的雌树和雄树之分了。雄树上形成雄性的花器官，雌树上形成雌性的花器官。

在植物中还存在着有趣的性别转换现象。天南星科的一些植物，春天发芽长枝，开出雄花；过了几年，它厌倦了当"父亲"的生活，又摇身一变，做起了"母亲"；而不久又重新变成了雄花，当上了"父亲"。半夏的肉穗花序下部为雌花，上部为雄花，轮流发育，是典型的"对性不专一"的植物。

植物有年龄吗

树木在春天到夏天这段时间内，树皮内形成的细胞快速地增加；秋天到冬天这段时间内，细胞增加减慢。所以，植物在春夏之间成长的部分比较柔软，而且较宽厚；在秋冬之间生长的部分较窄而硬。随着树木一年年的长粗，也就这样形成了年轮。

年轮的宽窄疏密，不仅反映了树木生长的速度、木材的年生长量和质地优劣，而且记录了气候变化的情况。气候温和，年轮则宽疏均匀；气候持续高温，年轮就特别宽疏；气候寒冷，年轮则狭窄；气候特别寒冷，年轮更为窄密。年轮又向你报告了大气污染的状况。当大气受到污染时，年轮里就储藏了污染的物质。我们通过光谱分析，可以测知年轮里历年积累下来的重金属的含量，就可以测知该矿物质对大气污染的程度。

一般树木大多是双子叶植物。单子叶植物茎的构造和双子叶植物有很大的区别，最主要的区别就是单子叶植物的茎没有形成层，所以单子叶的如竹子、小麦、水稻、高粱、玉米等等是不会有年轮的。

知识链接

·植物发电·

植物进行光合作用时，不但能把水分解为氢和氧，而且还能把氢分解为带正负电荷的粒子。日本科学家发现，叶绿素能直接把太阳能转换成电能。他们把从菠菜叶内提取的叶绿素与卵磷脂混合，涂在透明的氧化锡结晶片上，用它作为正极安置在"透明电池"中，当它被太阳光照射时，就会产生电流。

这种电池能把太阳能的30%转换成电能，而硅太阳能电池仅能把10%的太阳能转变为电能，所以植物发电潜力巨大。

没有神经、没有感觉的"生物"
——植物奇观

植物学家在研究植物树干增粗速度时发现，它们都有着自己独特的"情感世界"，还具有明显的规律性。植物树干有类似人类"脉搏"一张一缩跳动的奇异现象，或许有一些人会问，植物的"脉搏"究竟是怎么回事？经过精确的测量，科学家发现：如此奇怪的脉搏现象，是植物体内水分运动引起的，当植物根部吸收水分与叶面蒸腾的水分一样多时，树干基本上不会发生粗细变化。但如果吸收的水分超过蒸腾水分时，树干就要增粗，相反，在缺水时树干就会收缩。

◆◆ 最粗的甜栗树　　　　　　　➤

在欧洲有这样一个有趣的传说：古代阿拉伯国王和王后，一次带领百骑人马，到地中海的西西里岛的埃特纳山游览，忽然天下大雨，百骑人马连忙躲避到一棵大栗树下，树荫正好给他们遮住雨。因此，国王把这棵大栗树命名为"百骑大栗树"。

在西西里岛的埃特纳山边，有一棵叫"百马树"的大栗树，树干的周长竟有55米左右，直径竟然达到17.5米，需30多个人手拉着手，才能围住它。即使是赫赫有名的非洲猴面包树和其相比，也只不过是小巫见大巫。树下部有大洞，采栗的人把那里当宿舍或仓库用。这的确是世界上最粗的树。

栗树的果实栗子，是一种人们喜爱的食物，它含丰富的淀粉、蛋白质和糖分，营养价值很高，无论生食、炒食、煮食、烹调做菜都适宜，不仅味甜可口，又有治脾补肝、强壮身体的医疗作用。

◆◆ 陆地上最长的植物　　　　➤

在非洲的热带森林里，生长着参天巨树和奇花异草，也有绊你跌跤的"鬼索"，这就是在大树周围缠绕成无数圈圈的白藤。

白藤也叫省藤，中国云南也有分布。藤椅、藤床、藤篮、藤书架等，都是以白藤为原料加工制成的。

白藤茎干一般很细，有的有小酒盅口那样粗，有的还要细些。它的顶部长着一束羽毛状的叶，叶面长尖刺。茎的上部直到茎梢又长又结实，也长满又大又尖往下弯的硬刺。它像一根带刺的长鞭，随风摇摆，一碰上大树，就紧紧地攀住树干不放，并很快长出一束又一束新叶。接着它就顺着树干继续往上爬，而下部的叶子则逐渐脱落。白藤爬上大树顶后，还是一个劲地长，可是已经没有什么可以攀缘的了，于是它那越来越长的茎就往下坠，以大树当做支柱，在大树周围缠绕成无数怪圈圈。

白藤从根部到顶部，可达300米，比世界上最高的桉树还长一倍。白藤长度的最高纪录竟达400米。

会流血的麒麟血藤

一般树木，在损伤之后，流出的树液是无色透明的。有些树木如橡胶树、牛奶树等可以流出白色的乳液，但你恐怕不知道，有些树木竟能流出"血"来。

我国广东、台湾一带，生长着一种多年生藤本植物，叫做麒麟血藤。它通常像蛇一样缠绕在其他树木上。它的茎可以长达10余米。如果把它砍断或切开一个口子，就会有像"血"一样的树脂流出来，干后凝结成血块状的东西。这是很珍贵的中药，称为

"血竭"或"麒麟竭"。经分析，血竭中含有鞣质、还原性糖和树脂类的物质，可治疗筋骨疼痛，并有散气、去痛、祛风、通经活血之效。

麒麟血藤属棕榈科省藤属。其叶为羽状复叶，小叶为线状披针形，上有三条纵行的脉。果实卵球形，外有光亮的黄色鳞片。除茎之外，果实也可流出血样的树脂。

无独有偶。在我国西双版纳的热带雨林中还生长着一种很普遍的树，叫龙血树，当它受伤之后，也会流出一种紫红色的树脂，把受伤部分染红，这块被染的坏死木，在中药里也称为"血竭"或"麒麟竭"，与麒麟血藤所产的"血竭"具有同样的功效。

知识链接

·植物繁殖·

繁殖是植物生命活动过程中的一个重要环节，也是一切植物都具有的共同特性。通过繁殖，不仅延续了种族，还可以从中产生出生活能力更强，适应性更广的后代，使种族得到发展。植物的繁殖一般有三种方式：一种是营养繁殖，是植物营养体的某一部分和母体分离（或不分离），而直接形成新个体的繁殖方式；一种为无性生殖，是在植物体上产生无性生殖细胞——孢子，由孢子直接发育为新个体；另一种是有性生殖，植物体产生有性生殖细胞——配子，配子接合为合子或受精卵，再由合子或受精卵发育为新个体。

认识植物
——植物生长之谜

今天变化万千的植物世界，它们的祖先到底是什么时候发生的呢？若干年以前这个问题还是一个不解之谜。近20年来，随着日新月异的科学发展，这个问题基本上得到了解答。最早的绿色生物大约发生在30多亿年前。这种最早的原始的绿色生物是蓝藻。如果把最初生命的形成看作是有机分子到生命的一个特大的飞跃，那么蓝藻就是生命从非细胞到细胞的第二个特大飞跃了。

植物的种子

世界上寿命最短的种子是生活在沙漠中一种叫梭工的植物种子，它仅能活几个小时，但生命力很强，只要得到一点水，两三小时内就会生根发芽，这是对沙漠干旱环境的适应性。至于寿命长的种子就多了。听说过千年古莲吗？1952年，我国科学工作者在辽宁省大连市新金东郊的泡子村挖出了一些古莲子。经过科学测定，它

们的寿命竟然在330~1250年之间，这是我国寿命最长的种子。

其实，许多植物种子的寿命比人的寿命要长得多。现在，已知寿命在100年以上的植物种子就有60多种，大多是豆类植物。如双荚决明，其种子寿命可达1999年；球状含羞草种子寿命可达221年。1967年，在北美麦肯阿中心地区的旅鼠洞中发现了20多粒北极羽扁豆的种子，这些种子深埋在冻土层里。经过测定，它们的寿命至少有1万年。在播种实验时，有6粒种子发了芽并长成植株。北极羽扁豆种子堪称种子寿星，至今未发现比它寿命更长的种子。

植物的光合作用

绿色植物光合作用是地球上最为普遍、规模最大的反应过程，在有机物合成、蓄积太阳能量和净化空气，保持大气中氧气含量和碳循环的稳定等方面起很大作用，是农业生产的基础，在理论和实践上都具有重大意义。据计算，整个世界的绿色植物每天可以产生约4亿吨的蛋白质、碳水化

↑绿色植物光合作用能起到蓄积太阳能量和净化空气，保持大气中氧气含量和碳循环的稳定等作用

合物和脂肪，与此同时，还能向空气中释放出近5亿吨多的氧，为人和动物提供了充足的食物和氧气。

叶片是进行光合作用的主要器官，叶绿体是光合作用的重要细胞器。高等植物的叶绿体色素包括叶绿素（a和b）和类胡萝卜素（胡萝卜素和叶黄素），它们分布在光合膜上。叶绿素的吸收光谱和荧光现象，说明它可吸收光能、被光激发。叶绿素的生物合成在光照条件下形成，既受遗传性制约，又受到光照、温度、矿质营养、水和氧气等的影响。

植物的呼吸作用

呼吸作用是高等植物代谢的重要组成部分。与植物的生命活动关系密切。生活细胞通过呼吸作用将物质不断分解，为植物体内的各种生命活动提供所需能量和合成重要有机物的原料，同时还可增强植物的抗病力。呼吸作用是植物体内代谢的枢纽。

呼吸作用根据是否需氧，分为有氧呼吸和无氧呼吸两种类型。在正常情况下，有氧呼吸是高等植物进行呼吸的主要形式，但在缺氧条件和特殊组织中植物可进行无氧呼吸，以维持代谢的进行。

呼吸代谢可通过多条途径进行，其多样性是植物长期进化中形成的一种对多变环境的适应性表现。

知识链接

·植物进化·

植物分藻类、蕨类、苔藓植物和种子植物，种子植物又分为裸子植物和被子植物。

最早出现的植物属于菌类和藻类，其后藻类一度非常繁盛。直到后来绿藻进化为蕨类植物，为大地首次添上绿装。3.6亿年前，蕨类植物绝种，取而代之的是石松类、楔叶类、真蕨类和种子蕨类，并形成沼泽森林。古生代盛产的主要植物于2亿多年前几乎全部灭绝，裸子植物开始兴起，形成茂密的森林。在距今1.4亿年前更新、更进步的被子植物从裸子植物中分化出来。进入新生代后，蕨类植物衰落，裸子植物也开始走下坡路。这时，被子植物发展得很快，分化出更多类型。

姹紫嫣红的 "毒"

——小心有毒的植物

植物广泛分布在自然界，是自然不可缺少的一部分，提供给人类食物，同时有的也是重要的工业原料。它们与人们的生活息息相关。但是植物自身的化学成分复杂，其中有很多是有毒的物质，不慎接触到，可能会引起很多疾病甚至死亡。在小说中也经常能看到植物的身影，这里我们按照植物中主要致毒成分来进行分类，对有毒的植物进行一个比较详细的概括。其中有很多是大家非常熟悉的，此前可能也没有了解到它们的毒性。

↑ 紫藤花

"罗曼蒂克" 的紫藤

紫藤的造型颇为罗曼蒂克：或蓝色或粉红或白色的像小甜豆大小的花朵茂密地蔓延下垂，它主要生长在南部和西南部地区，又名云豆树。它全身都具有毒性，尽管有些报告说其花不带毒，但还是小心为妙。因为太多

报道表明，一旦误食，会引起恶心、呕吐、腹部绞痛、腹泻症状。

"狐狸手套" ——洋地黄

洋地黄的外表不可思议，全株都有灰白色短柔毛和腺毛，生长在向阳的地方。虽然能长高至1米多，但总是给人娇弱无力之感，浅紫、粉红

或白色的花朵围着主枝茎生长。它还有个更被人熟知的拉丁名字叫"洋地黄"，其叶可用于商用，是治疗心脏病的药品"洋地黄"的原材料。如果你在野外误食了它的任一部分，就会先后出现恶心、呕吐、腹部绞痛、腹泻和口腔疼痛症状，甚至会出现心跳异常。医生对此会用洗胃等方法促进排毒，并通过服用药物稳定心脏。这类植物还有许多别名，如仙女钟、兔子花、女巫环等。传说坏妖精将洋地黄的花朵送给狐狸，让狐狸把花套在脚上，以降低它在洋地黄间觅食所发出的脚步声，因此洋地黄还有另一个名字——狐狸手套。

"美丽的绣球"
——八仙花

八仙花又名绣球、紫阳花，为虎耳草科八仙花属植物。八仙花洁白丰满，大而美丽，其花色能红能蓝，令人悦目怡神，是常见的盆栽观赏花木。我国栽培八仙花的时间较早，在明、清时代建造的江南园林中都栽有八仙花。20世纪初建设的公园也离不开八仙花的配植。现代公园和风景区都以成片栽植，形成景观。

八仙花原产日本及我国四川一带。1736年引种到英国。在欧洲，荷兰、德国和法国栽培比较普遍，在花店可以看到红、蓝、紫等色八仙花品种。

知识链接

·咖啡因含量高的植物·

有时，麻黄与含有大量咖啡因的植物如瓜拿纳籽一起服用时，会导致中风、痉挛及高血压患者猝死。含大量咖啡因的草本植物，包括瓜拿纳籽、可乐果、山茶叶（用于茉莉茶、绿茶以及其他贩售的茶叶中）以及咖啡豆。这些草本植物在世界各地广泛种植，是广受欢迎的瘦身物质，因为据传咖啡因能够促进新陈代谢。摄取过多的咖啡因会导致忧虑、失眠、心跳不规则、上瘾，甚至可能导致高血压患者死亡。

↓八仙花

美丽的奇葩
——植物界的十大之最

广阔的宇宙如此浩瀚，有太多的谜团吸引我们好奇的心；纷繁的世界如此丰富，有太多的精彩诱惑我们明亮的眼睛。在植物的世界里，也充满着美丽的奇葩，十大之最让我们看到了植物的世界的多姿多彩。

植物界中最大的花
——大王花

世界上最大的花是生长于印度尼西亚和马来西亚热带雨林中的大王花，原名叫拉弗尔斯·阿诺尔蒂花，其直径达1.5米，5片花瓣平均厚约1.4厘米。它无根、无茎、无叶，寄生在其他植物上；能散发腐臭味，吸引苍蝇为它传粉；它的种子很小，肉眼难以看清，种子带黏性。大王花作为马来西亚民间的传统药材，可协助产妇自然分娩，还有治疗气喘病和痔疮的功效。

花序最大的植物
——巨掌棕榈

在植物界中，产于印度的巨掌棕榈的花序应该是最大的。这种棕榈比其他棕榈生长缓慢，30～40年才能长高20米。成熟后，在它的顶端会开出极其庞大的圆锥形花序，花序高达14米，花序上生长着数量超过70万朵的小花，基底直径也有12米，远远望去像一座庞大的稻谷堆。其花序之大，在植物界中稳居第一。

生命力最顽强的植物——
地衣

生命力最顽强的植物应该就是地衣了，据试验，它能忍受70℃左右的高温而不死亡，在零下273℃的低温下还能生长，甚至在真空条件下放置6年还能保持活力。它顽强生活在很多植物都不能生长的环境中，分布极广，沙漠、南极、北极，甚至大海龟的背上都能找到它的踪迹，地衣亦因此被誉为植物界的"拓荒先锋"。

最粗的药用树——猴面包树

猴面包树又称波巴布树，生长在非洲东部辽阔的热带草原上。这种树的树皮、叶子、果实都可供药用。和其他药用植物不同的是，猴面包树的身材让人大跌眼镜：它的树干粗得出奇，平均直径即已超过10米，最粗的一株树干基部直径竟达16米，30个成年人手挽手才能围其一周。它是目前世界上最粗的药用树木，被称为"药材大王"。

最凶猛的植物——奠柏

世界上能够食肉的植物，约有500种，但绝大多数只是以小昆虫为食。生长在印度尼西亚爪哇岛上的奠柏是目前世界上最凶猛的植物，它可以毫不留情地把人吃掉。这种树长着许多柔软的枝条，人一旦不慎触动了这些枝条，它们马上就会聚集过来把人卷住，而且越卷越紧，直到人无法脱身。奠柏随后会分泌一种"消化液"，将人慢慢消化掉。奠柏虽然凶猛，但是汁液是制药的宝贵材料，因此人们还是会采集它。但是为了防止被吃，人们事先会用鱼喂奠柏，把它喂饱了就不会再有危险了。

感觉最灵敏的植物——毛毡苔

含羞草是一种很敏感的植物，人手指轻微的碰触也会让它迅速闭合叶子。然而这还不是感觉最灵敏的植物。达尔文曾经做过这样一个实验：把一段长11毫米的细头发丝，放在食虫植物毛毡苔的叶子上，叶子上的茸毛竟能立即感觉到。有人把0.000003毫克的碳酸铵，滴在毛毡苔的茸毛上，这样微小的重量，它竟也能立刻感觉到。相比之下，毛毡苔要更胜含羞草一筹，是目前世界上感觉最灵敏的植物了。

最矮的树——矮柳

世界上最矮的树是生长在高山冻土带的矮柳。它的身高仅有3～5厘米。与世界之最的杏仁桉比起来，一高一矮相差达1.5万倍。矮柳之矮，让人叹为观止。这种植物的茎一般匍匐在地面上，发芽抽枝后可以长出像杨柳一样的花序，然而虽同称为柳，但高矮实在差得太多。矮柳之所以矮，主要还是受制于恶劣气候环境，矮柳生长在高山地带，那里的温度极低，空气稀薄，大风强劲，阳光直射，植株的身材必须矮小，才能适应这种环境。

分布最高的树木化石——高山栎树叶化石

喜马拉雅山北坡希夏巴马峰地区的高山栎树叶化石，是目前为止分布最高的树木化石。它生长在石缝中，处于海拔5900米的高度，那儿气候异常恶

劣。和现存的高山栎海拔高度相比，落差达3000米。后经过地质学家研究证明：喜马拉雅山地区曾是一片汪洋大海。在距今大约4000万年到7000万年前，海水退去，出现了陆地。后来随着地壳运动，陆地不断上升，形成了今天的喜马拉雅山。150万年以来，喜马拉雅山升高了约3000米。高山栎树叶化石的发现，即可以作为历史的见证。

最奇特的结果习性
——落花生

陆地上的植物中，落花生的结果习性是最为奇特的，因为其他的植物几乎都是在地面上开花，地面上结果，唯有花生是在地面上开花地面下结果。花生的幼苗出土后，经过近一个月左右，就开始开花。开花后第四天，其子房柄伸长，即开始向土下生长，最终全部没落土下。大约再过50天左右，花生果实就成熟了。据测定，花生在土下结果的方式是由其喜黑暗的特性造成的，即一旦发育中的小果实中途见了阳光，就不会再正常生长了。这种古怪的脾气，在异彩纷呈的植物界中也是非常另类的。

脾气最暴躁的植物果实
——喷瓜

喷瓜属于葫芦科多年生匍匐草本植物，果实成熟后，会将种子喷出。喷瓜家族中，有一个成员摘取了"脾气最暴躁果实"的桂冠，那就是原产于欧洲南部的喷瓜，它的果实像个大黄瓜。成熟后，包含着种子的多浆质组织会变成黏性液体，挤满果实的肉部，强烈地膨压着果皮。在这种极大的压力面前，果实只要稍微受到触动，就会"砰"的一声炸开，好像一个充足了气的皮球被突然刺破一样。这股力气是如此猛，可把种子及黏液喷射出十几米远。因为其力气大得如炮一般，所以人们又称它为"铁炮瓜"。喷瓜的特性很让人好奇，但是由于其黏液具有毒性，最好不要沾染到。

·比钢铁还要硬的树·

你也许没有想到会有一种比钢铁还硬的树吧？这种树叫铁桦树，属于桦木科桦木属。子弹打在这种木头上，就像打在厚钢板上一样，纹丝不动。铁桦树这种珍贵的树木，高约20米，树干直径约70厘米，寿命约300～350年。树皮呈暗红色或接近黑色，上面密布着白色斑点。树叶呈椭圆形。它的产区不广，主要分布在朝鲜南部和朝鲜与中国接壤地区，俄罗斯南部海滨一带也有一些。

铁桦树的木质坚硬，比橡树硬三倍，比普通的钢硬一倍，是世界上最硬的木材，人们把它用作金属的代用品。苏联曾经用铁桦树制造滚球、轴承，用在快艇上。铁桦树还有一些奇妙的特性，由于它质地极为致密，所以一放到水里就往下沉，即使把它长期浸泡在水里，它的内部仍能保持干燥。

植物中的"国宝"
——珍稀植物

生物多样性的特点决定了自然界充满了许多神奇的物种，植物界当然也不例外。在全球范围内，奇异的植物可谓数不胜数，比如"活化石"半日花、巨花马兜铃和泰坦魔芋花……

"活化石"——半日花

在内蒙古西鄂尔多斯自然保护区区内现已查明有野生植物335种，其中特有古老残遗种及其他濒危植物72种，占保护区全部植物的21.7%，其中半日花被列为国家重点保护植物，并录入中国生物多样性保护行动计划植物种优先保护目录，被学术界称为"活化石"，为内蒙古一级濒危珍稀保护植物。

半日花科，双子叶植物，共8属，约200种，大部分布于北温带，常生于干旱、阳光强烈的地区，有些供庭园观赏用，我国只有半日花属1属，1种。

巨花马兜铃

巨花马兜铃的奇特之处在于它们美丽而怪异的花朵，它属马兜铃科大型木质藤本常绿植物，因其花朵特大，成熟的果实像挂在马脖子底下的铃铛而得名。巨花马兜铃和猪笼草、捕蝇草等食虫植物不同，它不仅捕捉昆虫，还能养着昆虫，帮助其传粉而不伤害昆虫。巨花马兜铃的奇特之处不仅在于它们美丽而怪异的花朵，不像普通的花朵具有对称的花瓣，而且尤其奇异的是它的形态结构非常独特，花朵基部有一个膨大的囊，囊中既有雌蕊又有雄蕊，但雌蕊先于雄蕊一天成熟，因此不能进行自花授粉，必须靠昆虫进行异花授粉。"巨花马兜铃"花朵散发出来的怪异味道和花瓣的斑点能引诱穿梭于花丛之中的昆虫进入囊中，由于内壁布满了倒毛，因此昆虫一旦进入囊中就失去自由。雄蕊成熟后花药破裂散出花粉，这时花朵内壁的倒毛萎缩变软，满身沾满花粉的昆虫就可以飞离囊中，带着满身的花粉飞向另一个刚刚开放的花朵，将花粉传到柱头上。

巨花马兜铃在西双版纳热带植物园里只有一个种，花期自每年的2月底持续到11月中旬，4~6月是盛花期。它的种子很小，一般很难发现，通过扦插繁殖的成活率不高，因此种苗极为稀少，目前在城市绿化中还没有得到运用。

泰坦魔芋花

泰坦魔芋寿命长达数十年，可是开花的时间却很短，顶多数日，然后长出果实后，很快就枯萎，所以很难看到它的踪迹。它会发出一种令人作呕如尸肉腐败的味道，因此，又称之为尸花。

泰坦魔芋花冠其实是肉穗花序的总苞——天南星科植物特有的"佛焰苞"，花蕊其实是肉穗花序。它有着类似马铃薯一样的根茎。等到花冠展

开后，呈红紫色的花朵将持续开放几天的时间，散发出的尸臭味也会急剧增加。

当花朵凋落后，这株植物就又一次进入了休眠期。而它散发出的像臭袜子或是腐烂尸体的味道，是想吸引苍蝇和以吃腐肉为生的甲虫前来授粉。它非常艳丽，比你能想象到的任何东西都要美，这种美得出奇的花朵确确实实是生长在这个星球上的，而且现在依然还存在于世界之中。

知识链接

·我国珍稀植物种类·

我国珍稀濒危植物包括三类，即濒危种类、渐危种类和稀有种类。濒危种类指那些在整个分布区或分布区的重要地带，处于灭绝危险中的植物。渐危（即脆弱或受威胁）种类指那些由于人为的或自然的原因，在可以预见的将来很可能成为濒危的植物。稀有种类指那些并不立即就有灭绝危险的、特有的单种属或少种属的代表植物。稀有种类的分布区有限，居群不多，植株也较稀少；或者虽有较大的分布范围，但零星存在。

与植物最亲近的人
——植物学家的故事

世界上有人能说出每一种植物的名字、了解每一种植物的习性；世界上有人能听懂每一种植物的语言、理解每一种植物的情感……他们与植物打了一辈子交道，他们为植物学研究做出了杰出贡献——他们就是植物学家。

"植物学之王"——林奈

1738年的一天，在巴黎皇家植物园内，植物学教授尤苏一边漫步，一边用拉丁语给一批参观者讲述各种植物标本。突然，他在一种海外植物标本旁边停下来，脸上充满了疑惑，因为这是一株连他也解释不清来源的植物。在尴尬的气氛中，一位游客用拉丁语对教授说："这是一种美洲植物。"尤苏大为惊讶，立刻问："您是林奈先生吗？"这位游客一笑，回答说："正是在下。"尤苏立刻热情地接待了林奈，他知道，自己虽然是

植物学教授，但对方却是"植物学之王"。

林奈是瑞典植物学家、冒险家。他首先构想出了定义生物属种的原则，并创造出了统一的生物命名系统。

17世纪后，随着科学技术的发展，博物学家搜集到大量的动物、植物和化石等标本。在1600年，人们知道了约6000种植物，而仅仅过去了100年，植物学家又发现了12000个新种。到了18世纪，对生物物种进行科学的分类变得极为迫切。林奈正是生活在这一科学发展新时期的一位杰出的代表。

"植物园之父"——班克斯

1788年，班克斯被选为皇家协会的主席，在这个位置上他一直干了42年。在这些年里，在班克斯的协助下，皇家花园变成了世界上最大的植物园。他在植物和农业方面积聚了大量的知识。在种草莓时，班克斯采用

↑草莓果是蔷薇科植物草莓的聚合浆果，其可食用的部分是位于花托表面那些细小的红色，本种为园艺杂交品种，系原产于美洲

了早已废弃的在果实下铺稻草的方法来降低用水量。他还建了一个温室来试种菠萝。班克斯使英国皇家植物园成为了一个科学经济研究中心。

他以自己夫人的名字命名的中国传统花卉木香现已经成为世界上著名的芳香花卉，1885年种植于亚利桑那州一块墓碑旁的一株木香已经成为世界上最大的灌木，覆盖了近1000平方英尺的面积。

"植物魔术师"——卡弗

1921年，在美国参议院举行的一次会议上，一位年近花甲身着黑衣的黑人学者走上讲台，向参议员们展示了干酪、黄油、纸、墨水、肥皂等等一大木箱食品和用品。当他谈到这些都是他研制的花生制品时，全场哗然。他用雄辩的事实证明，花生是一种十分有价值的农产品，应该受到关

税的保护。这位黑人学者就是被美国总统罗斯福称为"不仅拯救了黑人，而且拯救了白人的科学家"——乔治·卡弗。在美国，人们往往把乔治·卡弗和大发明家托马斯·爱迪生相提并论。在他五十余年的科学生涯中，用花生、甘薯、大豆等农产品为人类研制出近千种产品，并为美国的农业发展做出了巨大贡献。在卡弗逝世后，美国政府买下了他的出生地——密苏里州的莫西·卡弗农场，并于1953年7月14日在这里建成了乔治·卡弗遗物及档案馆，以纪念这位杰出的植物学家。

知识链接

杂交水稻之父

袁隆平，是中国杂交水稻育种专家。他从1964年开始研究杂交水稻技术，1973年实现三系配套，1974年育成第一个杂交水稻强优组合——"南优2号"，1975年研制成功杂交水稻种植技术，从而为大面积推广杂交水稻奠定了基础。1986年提出了"杂交水稻育种的战略设想"，高瞻远瞩地设想了杂交水稻的战略发展阶段，即三系法为主的器种间杂种优势利用；两系法为主的籼粳亚种间杂种优势利用；一系法为主的远缘杂种优势利用。国际水稻研究所所长斯瓦米纳森博士高度评价说："我们把袁隆平先生称为'杂交水稻之父'，因为他的成就不仅是中国的骄傲，也是世界的骄傲，他的成就给人类带来了福音。"

第八章　火山和冰川

——地球忽冷忽热的"坏脾气"

在欧洲最西部有一个国家，北边紧贴北极圈，1/8被冰川覆盖，冰川面积占8000平方千米，同时这个国家还有200～300多座火山，以"极圈火岛"之名著称，其中有40～50座活火山。几乎整个国家都建立在火山岩石上，大部分土地不能开垦，这个国家就是被称为"冰火之国"的冰岛。在我们的地球上，火山与冰川——地球那忽冷忽热的"坏脾气"，总是让人捉摸不定。

来自地球深处的"一把火"
——追踪火山之谜

每当世界上发生大规模火山爆发事件时，人们总是感到无比的恐慌，面对这种自然灾难的侵袭，人们马上会想到一些耳熟能详的语汇——猛烈、狂暴、可怖。面对喷涌的火山，我们禁不住要问，发生在身边的火山究竟有着怎样的神秘面纱？

火山是怎么形成的

地表下面，越深温度越高。在距离地面大约32千米的深处，温度之高足以熔化大部分岩石。岩石熔化时膨胀，需要更大的空间。世界的某些地区，山脉在隆起。这些正在上升的山脉下面的压力在变小，这些山脉下面可能正在形成一个熔岩（也叫"岩浆"）库。

这种物质沿着隆起造成的裂痕上升，熔岩库里的压力大于它上面的岩石顶盖的压力时，便向外迸发成为一座火山。

海底有火山吗

1963年11月15日，在北大西洋冰岛以南32千米处，海面下130米的海底火山突然爆发，喷出的火山灰和水汽柱高达数百米，在喷发高潮时，火山灰烟尘被冲到几千米的高空。经过一天一夜后，人们发现从海里长出了一个小岛，高约40米，长约550米。海面

↓海底火山爆发引发岩浆外流

的波浪拍打冲走了许多堆积在小岛附近的火山灰和多孔的泡沫石，火山在不停地喷发，熔岩如注般地涌出，小岛在不断地扩大长高，到1964年11月底，新生的火山岛已经长到海拔170米高，1700米长了，这就是苏尔特塞岛。

海底火山的分布相当广泛，大洋底散布的许多圆锥山都是它们的杰作，火山喷发后留下的山体都是圆锥形状。据统计，全世界共有海底火山约2万多座，太平洋就拥有一半以上。

复活的死火山

按活动情况分类，火山分为死火山、活火山和休眠火山。一般来说，只有活火山才会发生喷发。正在喷发和预期可能再次喷发的火山，当然可

称为活火山。而那些休眠火山，即使是活的但不是现在就要喷发，而在将来可能再次喷发的火山也可称为活火山。那些其最后一次喷发距今已很久远，并被证明在可预见的将来不会发生喷发的火山，称为熄灭的火山或死火山。

根据哪些准则来判断一座火山的"死"或"活"，迄今并没有一种严格而科学的标准，火山的"死"或"活"是相对的。有一些在1万年甚至更长时期以来没有发生过喷发的"死"火山，也可能由于深部构造或岩浆活动而导致重新复活而喷发。例如中国五大连池火山群中，大部分火山是在10万年前喷发的，但是其中的老黑山火山和火烧山火山却是在公元1719～1721年喷发形成的。

知识链接

·板块构造学说·

20世纪60年代，科学家们提出了一种革命性的理论，这就是板块构造学说。地球表面覆盖着不变形且坚固的板块（地壳），这些板块确实在以每年1厘米到10厘米的速度在移动。由于地球表面积是有限的，地球板块分类为三种状态：其一为彼此接近的汇聚型板块边界；其二为彼此远离的分离型板块边界；其三为彼此交错的转换型板块边界。板块本身是不会变形的，地球表面活动便都在这三种状态下集中发生。

最是熔岩橘红时

——细数火山之最

　　地球上火山的数目是惊人的——世界上有超过500座"活"火山,"休眠"火山的数目与之相仿,还有很多火山被认为已经"死去"。世界上最小的火山在哪里?世界上最大的火山又是谁?火山有多少世界之最,你知道吗?

世界上最小的火山

　　母子火山——塔尔火山是世界上最低的活火山。

　　塔尔火山是一个十分奇特的火山,在它的火山口湖中,有一个小火山,就像袋鼠妈妈的育儿袋中还有一只活泼可爱的小袋鼠一样。塔尔火山和它的"爱子"一起构成"母子"火山。

　　这个有趣的火山就在菲律宾的吕宋岛上。塔尔火山顶上的火山口有25千米长,15千米宽,面积约300平方千米。火山口中积聚了不少水,形成了一个火山口湖,叫"塔尔湖"。塔尔火山的"爱子",就是塔尔湖中的小火山,名叫"武耳卡诺"。

世界上最大的火山

　　冒纳罗亚火山是夏威夷海岛上的一个活跃盾状活火山,山顶的大

↓塔尔火山岛

地球的秘密

火山口叫莫卡维奥维奥，意思为"火烧岛"，高约4200米。不断倾泻的大量熔岩，使该山逐渐变大。人们把这些熔岩称为"伟大的建筑师"。山顶的大火山口叫莫卡维奥维奥，意思为"火烧岛"。火山爆发带来周期性和毁灭性破坏，凡岩浆流经之处，森林焚毁，房屋倒塌，交通断绝。岛上第二大火山是基拉韦厄，该山高约3300米。山顶为一茶碟形火山口盆地，盆地内的赫尔莫莫火山口，意为"永恒火宫"，最为著名。该火山口中的熔岩经常如潮汐般涨落。当火山爆发时，熔岩不仅从火山口，也从岩层缝中溢出，橘红色的熔岩巨流，温度高达2000℃，就像一条伏卧而行的火龙，景象十分壮观。

世界上最南端的火山

1984年1月9日，詹姆斯·克拉克·罗斯和弗朗西兹·克劳齐尔乘着他们的皇家海军"埃里伯斯"号和"坦洛"号航船浮现在冰群中，进入罗斯海的辽阔水域。三天后，他们看到了一座非常壮观的山脉，其最高峰海拔2438米。罗斯称该山为阿德默勒尔蒂山脉。航船顺着山脉的方向继续南行，1841年1月28日，根据"埃里伯斯"号的外科医生罗伯特·麦考密克的记载，他们惊讶地看到"一座处于高度活跃状态的巨大火山"。这座火山就取名为埃里伯斯火山。

这座火山冒出了大量火焰和烟尘，景色非常壮观。在如此冰天雪地的世界里，竟能看到一座热气腾腾的活火山，这是人们未曾想到的。它处在南纬77°33′、东经167°10′的冰雪之乡，是地球最南端的火山。

知识链接

·中国火山喷发的最早记录·

中国最早记录的活火山是山西大同聚乐堡的昊天寺，它在北魏（公元5世纪）时还在喷发（据《山海经》记载）；东北的五大连池火山在1719年至1721年，还猛烈喷发过，其情景是："烟火冲天，其声如雷，昼夜不绝，声闻五六十里，其飞出者皆黑石硫黄之类，经年不断…… 热气逼人30余里。"（据《宁古塔记略》）

你不了解的另一面
——细数火山之奇

尽管科学家们在很大程度上已经拨开了笼罩在火山周围的神秘疑云，但就我们掌握的知识而言，火山给人们带来的惊奇并没有衰退。意大利西西里岛的埃特纳火山爆发时，熔岩随即喷向东南坡，随风而至的火山灰导致卡塔尼亚的范塔纳罗沙机场短暂关闭。奇怪的是，当地许多电子钟表和电脑内部时钟等计时装置突然变快了15分钟，有人认为可能是火山爆发所造成的。关于火山喷发引发异象的说法，已经不是第一次出现了。

火山爆发带来新的生命

科学家们研究证实，火山爆发能给地球带来丰富的矿物质、肥沃的火山灰以及丰富的热能。更令人称奇的是，火山喷发导致神奇生物的再生，火山喷发口是许多神奇生物的生活乐园。

美国的海底生态学家理查德·卢荣是对海底火山喷发口的生物再生状况进行研究的第一位科学家。1991年，他与研究人员来到火山爆发后的东太平洋里斯海底火山。只见四周布满了厚厚的、大片集结的、被火山高温烧焦的微生物、蠕虫和蚌类，火山喷发的巨流热浪毁灭了它们。

但是，不久一些能够适应并喜欢高硫化物生存环境的神奇生物，开始在荒芜狼藉的火山喷发口飞速地繁殖起来。由于这些生命力旺盛的生物跟陆地上的生物不同，它们不需要阳光

火山附近由于火山喷发活动形成的火山岩石→

进行光合作用或是取暖，那些可以杀死陆地上绝大多数生物、富含硫化物的海水是它们赖以生存的食物来源。

这里有一种长达2米的大蠕虫，是地球上现在生长最快的生物，它们每天可增加一两毫米。

火山其实没有火

在西方语言中，"火山"就是"燃烧的山"。其实，山是不会燃烧的，而所谓的火，就是岩浆活动冲出地表的结果。我们知道，地球内部有许多放射性的元素，它们能释放出巨大的热能，使岩石熔化形成岩浆。岩浆活动频繁的地区往往形成较大的裂缝，活动的岩浆正沿着裂缝运动，一旦冲出地表，就是火山爆发。当然，多数岩浆是无力冲出地表而在地下冷却形成岩石，比如花岗岩。

火山没有山

火山不仅没有火，有时也没有山。所谓的山只是由地下喷出的碎屑沿着裂缝口逐渐向上堆积，最后形成的中央高、四周低的锥形山峰。例如日本著名的富士山，高达3776米，最后一次爆发是在1707年，现在仍在冒烟。山顶白雪皑皑，山间飞瀑泻玉，北临富士五湖，成为日本首屈一指的风景区。我国大同附近的火山，也属于这个类型。

有的火山早期爆发后就夭折了，仅在地下炸开一个大坑，于是积水成湖，晶莹的蓝色湖水，常常使许多游客流连忘返。

知识链接

·火山喷发与恐龙灭绝·

最新科学发现表明，6500万年前的火山喷发使空气中充满硫黄，并对地球的气候造成了极具破坏性的影响。大型的火山喷发还形成了"洪流玄武岩"，这是造成史上周期性大量物种灭绝的两个主要原因之一。小行星活动的影响，被认为是6500万年前恐龙灭绝的最重要原因。

一支英国考察队发现了这一至关重要的线索，揭开了原始火山气体成分的神秘面纱。火山喷发释放的含有大量硫黄和氯气的气体很可能对环境产生严重影响。

在大片洪流玄武岩形成的同时，许多物种神秘地消失了。

残酷的美丽
——火山之美

　　火山喷发带来的灾难是有目共睹的，然而，它留下的地质遗迹和自然景观，也让人们叹为观止——大自然残酷的美丽，在地球上处处绽放。

古火山造就旅游胜地

　　大同火山群，神秘而壮美。这群距今已十几万年的死火山，现在已知有30多座海拔1200米左右的火山。在平坦宽广的河谷衬托下，这些火山一个个犹如地底幽灵突兀而起，显出一种神秘和威严。火山形状也千姿百态：如马蹄，像海蜇，似盾牌，类穹隆。火山喷出物更是多种多样，自火山口由近而远依次可以见到：火山渣、火山块、浮石、火山砾、火山弹、火山豆、火山砂和火山灰等。山西省地质勘察局有关专家认为，无论从群落整体规模和构成形态的多样性来看，还是从原始景观保留的完整性来看，大同死火山群均是人们认识东亚大陆火山地质的珍稀标本。

"天然锅炉"——间歇泉

　　在西藏雅鲁藏布江上游搭各加地区考察的我国科学工作者，有一段描述当地喷泉喷发时动人情景的报道：

　　"……我们遇到一次令人难忘的特大喷发：在一系列短促的喷发和停

间歇泉是间断喷发的温泉，多发生于火山运动活跃的区域。有人把它比做"地下的天然锅炉"↓

地球的秘密

歇之后，随着一阵撼人的巨大吼声，高温气、水突然冲出泉口，即刻扩展成直径2米以上的气、水柱，高度竟达20米左右，柱顶的蒸汽团继续翻滚腾跃，直捣蓝天，景象蔚为壮观。"

间歇泉是间断喷发的温泉，多发生于火山运动活跃的区域。有人把它比做"地下的天然锅炉"。在火山活动地区，熔岩使地层水化为水汽，水汽沿裂缝上升，当温度下降到汽化点以下时凝结成为温度很高的水，每间隔一段时间喷发一次，形成间歇泉。

"火神"——富士山

象征着日本自然、历史、现代的三大景点（富士山、京都、银座）之一的富士山，属于富士火山带，这个火山带是从马里亚纳群岛起，经伊豆群岛、伊豆半岛到达本州北部的一条火山链。

富士山原发音来自日本少数民族阿伊努族的语言，意思是"火之山"或"火神"。因其山体呈优美的圆锥形，而闻名于世。现在，富士山被日本人誉为"圣岳"。富士山山体高耸入云，山巅白雪皑皑，放眼望去，好似一把悬空倒挂的扇子，因此也有"玉扇"之称。

作为日本自然

美景的最重要象征，富士山是距今约1万年前，过去曾为岛屿的伊豆半岛，由于地壳变动而与本州岛激烈互撞挤压时所隆起形成的山脉，是一座有史以来曾记载过十几次喷火纪录的休眠火山。

知识链接

·火山的益处·

火山作用对我们并非完全有害无益。例如岩浆只要能留在地表下，就是很好的地热来源。火山附近常有温泉或热泉，这就是因为岩浆散发出的热度使地下水变热而形成的。这种热源我们称为地热，规模大的可形成"地热田"。

火山作用的另一个好处是为我们制造陆地。地球表面大约有71%被海水所覆盖，海底火山经年累月不断地冒出岩浆，冷凝成岩石，如此长期堆积，直到有一天岩石高出水面形成岛屿。夏威夷群岛与冰岛就是这么形成的，至今，岛上还有活动火山不时喷出岩浆。

↓日本富士山

冰川上的来客
——认识冰川

"冰雪所聚，积而为凌，春夏不解……"唐朝玄奘师徒在西行中曾这样描写天山木札尔特冰川，大意就是说冰雪堆积形成了冰凌，不管是春天还是夏天都不融化。说明人类对于冰川的认识很早就有了。但是欧洲的阿尔卑斯山是现代冰川研究的起源地。人类首次系统研究阿尔卑斯山的冰川是从十九世纪三四十年代阿加西建立世界上第一个冰川研究站开始。

冰川是什么

冰川是水的一种存在形式，是雪经过一系列变化转变而来的。要形成冰川首先要有一定数量的固态降水，其中包括雪、雾、雹等。没有足够的固态降水作"原料"，就等于"无米之炊"，根本形不成冰川。

冰川存在于极寒之地。地球上南极和北极是终年严寒的，在其他地区

只有高海拔的山上才能形成冰川。人们知道越往高处温度越低，当海拔超过一定高度，温度就会降到0℃以下，降落的固态降水才能常年存在。冰川学家将这一海拔高度称之为雪线。在南极和北极圈内的格陵兰岛上，冰川是发育在一片大陆上的，所以称之为大陆冰川。而在其他地区冰川只能发育在高山上，所以称这种冰川为山岳冰川。

哪里有冰川

冰川在世界两极和两极至赤道带

↓珠穆朗玛峰北坡的绒布冰川

地球的秘密

↑西藏纳木错冰川

的高山均有分布，地球上陆地面积的1/10为冰川所覆盖，而4/5的淡水资源就储存于冰川之中。

现代冰川在世界各地几乎所有纬度上都有分布。地球上的冰川，大约有2900多万平方千米，覆盖着大陆11%的面积。现代冰川面积的97%、冰量的99%为南极大陆和格陵兰两大冰盖所占有。

中国是中低纬度冰川发育最多的国家。中国冰川分布在新疆、青海、甘肃、四川、云南和西藏6省区，其中西藏的冰川数量最多。中国冰川自北向南依次分布在阿尔泰山、天山、帕米尔高原、喀喇昆仑山、昆仑山和喜马拉雅山等14条山脉。

冰川会移动吗

19世纪初叶，在阿尔卑斯山上，有几个登山者不幸被雪崩掩埋在冰川粒雪盆里。当时有个冰川工作者推测说，过40年后这几个人的尸体将在冰舌前出现。果然不出所料，43年后，这几个不幸者的尸体在冰舌前出现了，登山者同伴中的幸存者很快把尸体辨认出来。

冰川是移动的，但它滑动的速度很慢，这跟地形坡度有直接关系。如珠穆朗玛峰北坡的绒布冰川，年流速为117米，是我国流速最大的冰川。同样是珠穆朗玛峰的大冰川，有的几乎纹丝不动。冰川移动的原因，是因为冰川身体的空隙里包含着水，在压力和斜度影响下，水像润滑油一样，促使冰川向下移动。

知识链接

·冰川地貌·

冰川地貌可分为冰川侵蚀地貌和冰川堆积地貌。冰川侵蚀地貌是冰川冰中含有不等量的碎屑岩块，在运动过程中对谷底、谷坡的岩石进行压碎、磨蚀、拔蚀等作用，形成一系列冰蚀地貌形态，如形成冰川擦痕、磨光面、羊背石、冰斗、角峰、槽谷、峡湾、岩盆等。冰川堆积地貌是冰川运动中或者消退后的冰碛物堆积形成的地貌，如终碛垄、侧碛垄、冰碛丘陵、槽碛、鼓丘、蛇形丘、冰砾阜、冰水外冲平原和冰水阶地等。冰川地貌组合有一定的分布规律，从冰川中心到外围由侵蚀地貌过渡到堆积地貌。

地球历史上的冰河期
——冰川时代

冰河时期，是指极地冰覆盖大陆的时期。过去地球的气候曾经变得非常冷，两极和山上的冰覆盖了大片陆地，海洋里有很多冰块，地面也凝结了厚厚的冰。时间延续了100多万年。冰河时期由若干次冰河作用组成，每次都使得冰盖前进或后退。18000年以前就发生过一次冰河作用。在地质史的几十亿年中，全球至少出现过3次大冰期，公认的有前寒武纪晚期大冰期、石炭纪—二叠纪大冰期和第四纪大冰期。第四纪冰期冰碛层保存最完整，分布最广，研究也最详尽。

前寒武纪晚期大冰期

前寒武纪晚期大冰期是约距今9.5亿~6.15亿年前的一次影响广泛的大冰期。其遗迹除在南极大陆尚未发现外，世界各大陆的许多地方都有保存，并多被非冰川沉积岩层所隔开，

表明该冰期是多阶段性的。最早发现于苏格兰、挪威，此后在中国、澳大利亚、非洲、格陵兰和北美相继发现。以挪威北部芬马克的冰碛岩为其代表。在中国则为震旦系底部带擦痕的南沱冰碛层，主要分布在长江中下游等处。

↓冰川

石炭纪-二叠纪大冰期

石炭纪—二叠纪大冰期是地球历史上影响最为深远的一次大冰期。有人认为石炭纪—二叠纪大冰期引发了二叠纪末物种大灭绝。距今约2.5亿年前的二叠纪末期，估计地球上有96%的物种灭绝，其中90%的海洋生物和70%的陆地脊椎动物灭绝，它们基本上都是一些早期昆虫、原始爬行纲和鲨鱼形动物。其中有著名的四射珊瑚、横板珊瑚、筵类、三叶虫；腕足类也大大减少，仅存少数类别。二叠纪末物种大灭绝事件是地球史上最大也是最严重的物种灭绝事件，形成了地质历史上最严重的"生物危机"。

石炭纪—二叠纪大冰期还对生态环境产生了巨大的影响。在石炭纪晚期至二叠纪早期将近四五百万年的时间里，全球范围内的海洋生物以冷水动物为主。

石炭纪—二叠纪的冰川作用，是大陆漂移假说论述冈瓦纳古陆的主要证据之一。

第四纪大冰期

第四纪大冰期是地球历史的最新阶段，始于距今175万年，在近100万年的第四纪中，有过几次冰川期，在冰期之间又有过气候较暖的间冰期。冰期和间冰期的交替造成了地球上冰川的扩展和退缩，并对整个地理环境

古冰川遗迹→

特别是生物界有极大的影响。

一般所说的冰河时代，主要是指第四纪的大冰川的时代。因为它离我们最近，在地貌及沉积物等方面遗留下许多痕迹，使我们对它了解得比较详细。实际上在整个地球发展史中发生过好几次这样的大冰期，有时冰川的范围扩大到目前在赤道附近的南非、印度和澳洲。根据发展的观点来看，地球上今后还有可能有大冰川的降临。

第四纪生物界的面貌已很接近于现代。哺乳动物的进化在此阶段最为明显，而人类的出现与进化则更是第四纪最重要的事件之一。

知识链接

·冰川与气候·

"冰川是气候的产物"，这是冰川学界的流行说法。那么，气候又是什么的产物呢？有一种说法是"气候变化是地球系统的变化在大气圈中的反映"。冰冻圈是地球系统的一部分，所以人们可以说"气候的一部分是冰川的产物"。冰川与气候的关系紧密，它们同时受地圈变化的制约，人们甚至可以说"冰川和气候同是地圈变化的产物"。地圈的变化又受宇宙因素的制约。

地球最冷的地方
——极地传说

　　南极和北极都是地球上最冷的地方，在那个寒风呼啸的冰雪世界里，美丽的极光缔造出多少动人的传说；现实中，又有多少人前去探险，经历过多少艰难困苦，终于将人类文明的旗帜插在了坚硬的冰层上……

❖❖ 关于极光的美丽传说

　　相传公元前2000多年的一天，随着夕阳西沉，夜将所有的一切全都掩盖起来。一个名叫附宝的年轻女子独自坐在旷野上，夜空像无边无际的大海。天空中，群星闪闪烁烁，突然，在大熊星座中，飘洒出一缕彩虹般的神奇光带，如烟似雾，摇曳不定，时动时静，像行云流水，最后化成一个

很大的光环，萦绕在北斗星的周围。此时，环的亮度急剧增强，好像皓月悬挂当空，向大地泻下一片淡银色的光华，映亮了整个原野。四下里万物都清晰分明，形影可见，一切都成为活生生的了。附宝见此情景，心中不禁为之一动，由此便身怀六甲，生下了个儿子。这男孩就是黄帝轩辕氏。以上所述可能是世界上关于极光的最古老神话传说之一。

❖❖ 谁第一个到达北极点

　　54岁的皮尔里从哥伦比亚岬地出发，组织了补给队，挑选了4位最强壮的因纽特人，加上仆人马休·汉森和他自己，组成了一个向极点冲刺的突击队。5部雪橇载着6位队员，由40只狗拉引着向北极前进。他们越过了240千米冰原，到达了离北极还有8千米

↓爱斯基摩人

的地方。这里是北纬89°57'。多少年来无数探险家们企盼的北极点已经遥遥在望了。终于临近了梦寐以求的北极点，他们一鼓作气登上了北极点。北极点没有陆地，而是结了坚冰的海洋。他们在这里插上美国国旗，国旗的一角上写着："1909年4月6日，抵达北纬90°。皮尔里"。

南极为何比北极冷

南极和北极都是地球上最冷的地方，一年到头都是寒风呼啸，气温很低，以致那里冰天雪地，成为一个银白色的世界。但这两处比较起来，南极常年呈冰川状态的冰要比北极多得多。

据考察，南极平均冰层厚度约1700米，最厚的地方超过4000米，冰山总体积约2800万立方千米，所以被称为"冰雪世界"；而在北极地区，冰川的分布面积要比南极小得多。冰层厚度一般约2~4米，冰川的总体积，不到南极的1/10。南极地区是一块很大的陆地，面积约1400万平方千米，号称世界"第七大陆"，陆地储热能力差，夏季获得的太阳热量，很快就辐射掉了。而北极地区北冰洋占去了很大面积，约1310万平方千米，水的热容量大，能够吸收较多的热量，然后慢慢释放出来。

因此，南极的天气比北极还要冷。南极是世界上最冷的陆地。

知识链接

·什么是极光·

在我国的古书《山海经》中也有极光的记载。书中谈到北方有个神仙，形貌如一条红色的蛇，在夜空中闪闪发光，它的名字叫触龙。关于触龙有如下一段描述："人面蛇身，赤色，身长千里，钟山之神也。"这里所指的触龙，实际上就是极光。极光是常常出现于纬度靠近地磁极地区上空大气中的彩色发光现象。一般呈带状、弧状、幕状、放射状，这些形状有时稳定有时作连续性变化。极光是来自太阳活动区的带电高能粒子（可达1万电子伏）流使高层大气分子或原子激发或电离而产生的。极光在地球大气层中投下的能量，可以与全世界各国发电厂所产生电容量的总和相比。怎样利用极光所产生的能量为人类造福，是当今科学界的一项重要使命。

↓南极企鹅

自然界的鬼斧神工

——冰川地貌

地貌是不断发展变化的，地貌发展变化的物质过程称地貌过程，包括内力过程和外力过程。内力和外力是塑造地貌的两种营力，地貌是内力过程与外力过程对立统一的产物。而冰川的运动包含内部的运动和底部的滑动两部分，通过侵蚀、搬运、堆积来塑造各种冰川地貌。

冰川堆积地貌

冰川沉积包括3类：冰川冰沉积，冰川冰与冰水共同作用形成的冰川接触沉积，以及冰河、冰湖或冰海形成的冰水沉积。这些沉积物在地貌上组成形形色色的终碛垄、侧碛垄、冰碛丘陵、槽碛、鼓丘、蛇形丘、冰砾阜、冰水外冲平原和冰水阶地等。

终碛、侧碛和冰碛丘陵

终碛和侧碛是在冰川末端与边

沿堆积起来的冰碛垄，标志着古冰川曾达到的位置和规模。冰川前进时形成的终碛垄规模一般很大，高数十米至二三百米，其组成物质常包括相当数量的冰期前河相或湖相沉积。它们是冰舌前进时被推挤集中起来的，剖面上常出现逆掩断层、褶曲或焰式构造，故属变形冰碛。以这种变形冰碛为基础的终碛垄又被专门命名为推碛垄，属前进型终碛。如果几次冰进达到同一位置，终碛叠加变高形成锥形终碛。冰川后退时形成一系列规模较小的冰退终碛，一般比较低矮，不易出现包含变形冰碛的推碛垄。大陆冰盖的终碛可连续延伸几百千米，曲率很小。山谷冰川的终碛曲率很大，向

↓阿根廷冰川（冰碛地貌）

原，在山谷冰川地区联合成谷地冰水平原。谷地冰水平原在后期被切割则成冰水阶地，冰水阶地向下游倾斜较急并逐渐尖灭，故是典型的气候阶地。由于水流很急，冰水平原的组成物质粗大而缺乏分选，沙砾层中常夹有大漂砾，并有许多锅穴。

↑海螺沟冰川（冰川侵蚀地貌）

上游过渡为冰舌两侧的侧碛。侧碛在山岳冰川地区是比终碛更易保存的堆积形态。它们分布范围广，不易被冰水河流破坏。在谷坡上往往有高度不同的多列侧碛。冰碛丘陵是冰川消失时由冰面、冰内和冰下碎屑降落到底碛之上，所形成的不规则丘陵地形。它指示冰川的停滞或迅速消亡，广泛发育于大陆冰盖地区，高数十或数百米。在山岳冰川区其规模较小，中国西藏波密地区古冰川谷底有冰碛丘陵，最高者为30～40米。

冰水平原和冰水阶地

冰源河的流量有很大的日变化与季节变化，冰源河的泥沙负载量又很高，导致了冰川外围地区强烈的加积，形成顶端厚、向外变薄的扇形冰水堆积体，称为冰水扇。在大陆冰盖外围有许多冰水扇联合成外冲冰水平

冰川侵蚀地貌

纯粹的冰川冰是缺乏侵蚀力量的，因为它的强度很低。但是，冰川冰总是含有数量不等的岩屑，它们是冰川进行磨蚀和压碎作用的工具。另外，处于压力融点的冰川冰和冰床之间的应力时有变化，导致融冰水的再冻结和促进拔蚀作用。磨蚀和压碎作用形成以粉砂为主的细颗粒物质，拔蚀则产生巨大的岩块和漂砾。通过这些作用将冰川塑造出小到擦痕、磨光面，大到冰斗、槽谷、岩盆等冰川侵蚀地貌。

擦痕、磨光面和羊背岩

冰川擦痕是古冰川地区基岩表面最常见的冰川侵蚀微形态。它们是底部冰中岩屑在基岩上刻划的结果，具有指示冰流方向的意义。擦痕形状

多样、大小不一，有细到肉眼难辨的擦痕，也有延伸数米至数十米的冰川擦槽。同一基岩面上出现几组擦痕，说明冰流方向曾发生变化；相邻地方擦痕方向不同则表示冰川底部流向的局部变化。冰川磨光面是由细小岩屑（如砂和粉砂）在质地致密的基岩面上长期磨蚀形成，实际是由密集的擦痕组成的。羊背岩是冰川侵蚀岩床造成的石质小丘。它们大体顺冰川流向成群分布，长轴数米至数百米不等，有时大的羊背岩上叠加小的羊背岩。羊背岩反映冰川侵蚀的主要机制，它的迎冰面坡长而平缓光滑，是磨蚀作用造成的；背冰面陡峭、参差不齐，是冰川拔蚀作用的产物。如果羊背岩的迎冰面和背冰面都发育成流线型，便名鲸背岩。羊背岩地形主要出现在结晶岩地区。

冰川谷和峡湾

冰川谷是冰川作用区最明显的冰蚀地貌类型之一。典型的形状是槽谷，故亦称冰川槽谷或U形谷。近来大量实测资料表明，大多数冰川谷的横剖面是抛物线形，U形的出现主要与谷底被冰碛和冰水沉积充填有关。槽谷在山岳冰川地区分布在雪线之下，源头和两侧被冰斗包围，主、支冰川汇合处易形成悬谷。槽谷两侧一般具有明显的槽谷肩和冰蚀三角面。槽谷底部常见冰阶（岩槛）与岩盆，

两者交替出现，积水成为串珠状湖泊。大的冰阶形成冰瀑布，如贡嘎山海螺沟冰川有高达千米的冰瀑布。大陆冰盖或高原冰帽之下也有槽谷，这种槽谷上源没有粒雪盆，曾被称为冰岛型槽谷。中国川西高原也有这种槽谷。峡湾是一种特殊形式的槽谷，为海侵后被淹没的冰川槽谷。大陆冰盖或岛屿冰帽入海处常形成很深的峡湾，如挪威西海岸的峡湾就以风光绮丽闻名于世。

知识链接

· 中国末端海拔最低的冰川是喀纳斯冰川 ·

喀纳斯冰川位于新疆阿尔泰山友谊峰，是由两支冰流组成的复式山谷冰川，长10.8千米，面积30.13平方千米，冰储量3.93立方千米，冰川末端海拔2416米，是中国末端下伸海拔最低的冰川。而在近几年来，有许多冰川都打出了"海拔最低冰川"的称号，其中较知名的几个冰川在冰川目录中查得其末端高度，结果如下：阿扎冰川，末端海拔2450米；卡钦冰川，末端海拔2530米；明永冰川，末端海拔2700米；海螺沟冰川，末端海拔2980米。这样看来，喀纳斯冰川似乎是当之无愧的末端海拔最低冰川，但是由于气候变化的影响，近年来许多冰川退缩非常严重，冰川末端海拔高度并不稳定，和冰川目录上记录的数据比也可能发生一定的偏差，所以严格意义上的末端海拔最低冰川并不能轻易判定。

"哭泣"的冰川

——冰川消融

不久前,海洋摄影师和环保讲师迈克尔·诺兰在挪威北极圈内拍摄到冰川融化坍塌的瞬间。让人惊诧的是,冰川断开时呈现出一张"哭泣的脸"。这张照片中的可怕面孔似乎在警示人们,全球变暖等环境问题令人担忧,连大自然都在为之哭泣。而近几十年来来自世界各地的资料表明,全球冰川正在以有记录以来的最大速率在世界越来越多的地区融化着。

北极熊越来越小

有科学家在对比了近300具北极熊颅骨后发现,在过去的100多年里,北极熊颅骨尺寸缩减的幅度在2%~9%之间。科学家据此推断,现存北极熊的躯体相较于它们的祖先已经缩小,并认为这种现象与北极地区的冰层消融和污染加重有关。

全球气候变暖导致的北极冰层消融,使北极熊在觅食过程中难以找到一块立足之冰,不得不长时间浸泡在冰冷的海水里。北极近年来还受到杀虫剂、冷却剂、溶剂和黏合剂等化学物质的污染,使得处在食物链顶端的北极熊成为"中毒"最深的动物,并且通过哺乳把这些毒素又传给后代,进而影响了北极熊的健康及生育平衡。

没有冰川是什么样子

关于失去冰山之后对人类社会带来的影响,有人设想:

"世界各地的滑雪爱好者将失去阿尔卑斯山,世界杯滑雪赛将成为滑水比赛。

"格陵兰岛西部的猎人们放弃传统的狗拉雪橇并使用船来运输。一些依靠放牧驯鹿为生的当地居民失业了,因为驯鹿再无苔藓可吃,数量大减。

"泰坦尼克号们再也撞不到冰山了。

"海拔从几米到几十米之内的东京、神户、横滨、大阪、名古屋、福冈,都会变成水下乐园。其中最著名的游乐项目,将是'水漫富士山'。

←北极熊颅骨缩小警示着冰川正在不断地消融

的中型湖泊兹格塘错持续萎缩；而在2006年，科学家发现4年前扎过帐篷的湖岸阶地竟被完全淹没。测量结果表明，短短4年，兹格塘错水位竟然上升了1.8米。

无独有偶，自20世纪70年代起湖面就在扩张的纳木错湖，近几年水量增速也明显加快。自2005年，湖面每年"长高"20~30厘米。

这些数字的变化并不仅仅体现在科学研究上，它已经严重影响了农牧民的生活。仅那曲地区中西部的6个县（区），就有10余个湖泊湖面出现明显扩张，近16万亩草场被淹没。

·冰川融化的原因·

气候变暖是最主要的原因。联合国环境规划署一份研究报告指出，专家们采用航测、卫星观测和实地考察等手段，对尼冰川进行了观测，结果表明这些地区的气温在增加，喜马拉雅山地区冰川融化加快的事实又一次表明全球气候变暖是人类在未来几十年里面临的最大威胁。人口膨胀，超载放牧，过度开垦，乱砍滥伐，乱挖中药材，滥采地下水是另外一个原因。人地矛盾导致新中国成立后的20年间，西北地区先后搞了三次大规模毁林开荒，到20世纪90年代末，甘肃全省水土流失面积占总面积的85.6%，沙尘暴天气明显增多，气候恶化反过来又加剧了冰川的萎缩。

"被称为'亚洲水塔'的喜马拉雅山区冰川蒸发，印度的印度河、恒河和布拉马普特拉河变成夏季干涸的季节性河流。印度的主要粮仓得不到灌溉，近5亿印度人食不果腹。

"继图瓦卢和马尔代夫之后，更多以海洋风情为特色的国家将不得不放弃家园，'搬迁'到高原地区。

"中国14座沿海开放城市将全部沦陷，大连、天津、青岛、上海、杭州、厦门、广州、香港、澳门和深圳等城市将变成上半身是城、下半身是海的大陆架。"

❖ 不断扩大的纳木错湖面 →

中国地质科学院地质力学研究所研究发现，2002年前，地处藏北腹地

神奇的世界

第九章　奇幻沙漠

——生命禁区中的奇趣怪事

　　地球陆地的三分之一是沙漠。因为水很少，一般以为沙漠荒凉无生命，有"荒沙"之称。和别的区域相比，沙漠中生命并不多，泥土很稀薄，植物也很少。有些沙漠是盐滩，完全没有草木。世界上面积最大的沙漠是非洲北部的撒哈拉沙漠。中国的沙漠以新疆塔里木盆地的塔克拉玛干沙漠为最大。

沙漠绿洲之源
——沙漠之水

水是沙漠地区最宝贵的自然资源。中国沙漠地区由于四周多有高山环抱，高山降水比较丰富，成为河流和地下水的主要补给来源。此外，高山顶峰终年积雪，冰川广布，大量的冰雪融水，源源不断地流向山前平原和沙漠地区，并成为天然的"固体调节水库"。

沙漠的水藏在哪里

水是人类赖以生存的重要资源。在炎热干旱的沙漠地区，人们是怎样生存下去的呢？原来沙漠地下有着丰富的地下水。就我国的塔克拉玛干沙漠而言，地下水的储量就高达8亿立方米以上，可以说是一个面积巨大的地下海了！

国内专家的调查研究结果显示，在22.5平方千米的塔克拉玛干沙漠腹地，地下水储藏量达到8亿立方米以上，相当于8条长江的流量。如果将这些水全部抽上来，可以在这22.5万平方

千米沙漠铺上36米厚的水层，几乎接近撒哈拉地下海的3倍。说这是一个地下海，一点都不过分。

这么多的水是从哪里来的呢？简单一点说，就是日积月累，一年一年累积起来的。

塔里木盆地常年有水的河流共144条，大部分都是流程短、水量小的河流。其中每年流量在5亿~10亿立方米的河流有7条，年径流量大于10亿立方米的河流有8条。盆地内河流总径流量达392亿立方米。这些河流，都以塔克拉玛干沙漠为归宿。

沙漠中有丰富的地下水，并不说明沙漠处处有地下水。因此，在历史上从没有河水经过的地方，与河流相距过远的地方，因地质条件地下水不能流通的地方，这些都属于缺水区。

撒哈拉沙漠里有水吗

撒哈拉沙漠约形成于250万年前，乃世界第二大荒漠，仅次于南极洲，是世界最大的沙质荒漠。它位于非洲北部，气候条件非常恶劣，是地球上

最不适合生物生存的地方之一。这个沙漠是世界上阳光最多的地方，也是世界上最大和自然条件最为严酷的沙漠。

撒哈拉沙漠将非洲大陆分割成两部分：北非和南部黑非洲，这两部分的气候截然不同，撒哈拉沙漠南部边界是半干旱的热带稀树草原，再往南就是雨水充沛、植物繁茂的南部非洲，阿拉伯语称为"苏丹"，意思是黑非洲。

有几条河源自撒哈拉沙漠外，为沙漠内提供了地面水和地下水，并吸收其水系网放出来的水。尼罗河的主要支流在撒哈拉沙漠汇集，河流沿着沙漠东边缘向北流入地中海；有几条河流入撒哈拉沙漠南面的查德湖；尼日河水在几内亚的富塔贾隆地区上涨，流经撒哈拉沙漠西南部然后向南流入海。

撒哈拉沙漠的沙丘储有相当数量

的雨水，沙漠中的各处陡崖有渗水和泉水出现。

知识链接

·水源丰富的地球上为什么还有许多沙漠·

地球的表面虽然被水（海洋）覆盖着2/3的面积，但其1/3广阔的陆地面积中竟有1/6的面积（2400万平方千米）是干燥的沙漠。但是，尽管地球上有丰富的水源，但那都是含有大量盐分的水，用这样的水滋润沙漠，是无法养育森林和草原的。沙漠分布于纬度是20~30度之间的亚热带高气压的东侧。就北半球来说，撒哈拉大沙漠、美国加利福尼亚沙漠等，都是在高气压的东侧。在这些地区，来自北方寒流总是在下层流动，并形成逆转层，从而不能变成上升的气流，自然就形不成雨水了。可是，据考古学记载，之所以造成茫茫沙漠，虽然气候是一个原因，但大量放牧、毁坏草原也是原因之一。

↓沙漠绿洲

大漠里"遗世独立"的奇迹
——沙漠植物

大漠孤烟、古塞流沙、茫茫戈壁，干旱缺水的沙漠环境，赋予了沙漠植物奇特的生存能力和多姿的植物风采。高山的强风低温，极地的严酷寒冷，使"遗世独立"的植物世界获得了抗强风、御严寒的特殊本领，它们和酷热干燥风沙斗争到底，是沙漠里一道最美的风景线。

谁是沙漠里的"水库"

在非洲沙漠生长着一种树，远远望去很像一个个巨型的瓶子插在地里。因此得名叫"瓶子树"。瓶子树一般有30米高，两头尖细，中间膨大，最粗的地方直径可达5米，里面储水约有2吨，在干燥的沙漠里扮演着"水库"的角色。雨季时，它吸收大量水分，储存起来，到干季时来供应自己的消耗。

瓶子树可以为荒漠上的旅行者提供水源。人们只要在树上挖个小孔，清新解渴的"饮料"便可源源不断地流出来，解决人们在茫茫沙海中缺水之急。

人们在沙海中旅行，在烈日暴晒下，正感到热难忍、渴难熬时，突然看见这样一棵郁郁葱葱的树，能给人很大的希望。它的浓荫可以纳凉，叶子可以当扇子。用刀在树干上划开一道口子，清凉的汁液便会源源流出。它是旅行者的好朋友，因此人们又叫它"旅行树""旅人树"或者"水树"。

你没听过的仙人掌的故事

上帝造物之初，仙人掌是世界上最柔弱的一种东西。任何人稍微一碰到它，它就会失去生命。上帝不忍心，就给它加了一层盔甲。如果有谁想要靠近它，它就会用自己的盔甲和刺来对付他们，所以千百年来，没有人敢靠近仙人掌。

后来，有一个勇士出现了，他不屑地说："看我来消灭这种怪物。"于是勇士拔出宝剑把仙人掌劈成了两半，原本以为要灭掉它是件艰难的事

↑沙漠中的仙人掌

情，可是没想到却是如此的不堪一击。勇士很惊讶地喊起来：没想到仙人掌的内在那么柔软，大家不都说她有一颗坚硬丑陋的心吗？为什么却只有绿色的泪珠一滴一滴地滑落？最终勇士明白了，原来那所谓的刺是仙人掌用来保护自己脆弱心灵的外壳。

事实上，为了适应沙漠缺水的气候，仙人掌的叶子演化成短短的小刺，以减少水分蒸发，亦能作为阻止动物吞食的武器。其茎演化为肥厚含水的形状，具有刺座，刺座具代谢活性而且可长出针状叶，并可生出另一器官如茎或果实。

据有关资料介绍，从哥伦布1496年发现新大陆之后，在1540年，第一次由海员从南美洲的加勒比海岛屿上将仙人掌带进欧洲，1669年传入日本。在 1840年英国出版的《植物学辞典》上记载了仙人掌栽培已达400种。当时的仙人掌花卉已由野生引种发展为人工栽培，通过园艺栽培，已经将原始野生的仙人掌改良成为特殊的观赏花卉。

开在沙漠的玫瑰

有一首歌是这么唱的："我是朵沙漠的玫瑰，静静地绽放，静静地凋谢，一寸寸一些些，能给的全部都给……"沙漠很干旱，几年都可能滴水不遇。这么残酷的环境，让人乍一想象，总以为那定是荒芜的不毛之地。其实不然，沙漠玫瑰就是绽放在沙漠里的精灵，有了沙漠玫瑰的点缀，沙漠便被唤醒，显得生机盎然。

沙漠玫瑰又名天宝花，是夹竹桃科天宝花属沙漠玫瑰，属于多肉植物，原产非洲的肯尼亚，喜高温干燥和阳光充足环境，耐酷暑。因原产地接近沙漠且红如玫瑰而得名沙漠玫瑰。沙漠玫瑰形状如盛开的玫瑰，千姿百态，瑰丽神奇。

知识链接

·沙漠花园·

位于澳大利亚西南部的沙漠花园，是世界上条件最恶劣的沙漠，其中大约有3600多种植物繁荣共生。这些植物开的花不仅硕大无比，而且惊艳异常，它们能分泌出超乎想象的芬芳花蜜。为什么这些植物能在环境恶劣的沙漠中如此妖娆美丽呢？原来，生长在这里的植物对自己非常苛刻，对水和养料的需求少得可怜。而且，这里的昆虫和鸟类都非常稀少，在这种条件下，植物必须开出最大最艳丽的花朵，分泌出最多最芬芳的花蜜，才能吸收授粉者的注意，从而使自己繁衍生存下去。

大漠里的"居民"
——沙漠动物

进化是奇妙的，生物为了适应周围环境，其部分生理机能或行为会遵循生存需要而有所进化，沙漠动物也不例外。在数以千计的沙漠动物中，几乎每一种都有其独特的保持水分、躲避炎热的能力和技巧。

为什么骆驼被称为"沙漠之舟"

拥有"沙漠之舟"美誉的骆驼的两个驼峰是移动的燃料箱，前面的驼峰可以用来挡阳光，后面那个用来储存脂肪，有的骆驼旅行回来时驼峰没了，但可以再吃回来。

骆驼在旅行前会喝130升的水，双峰驼的驼峰可以储存40千克脂肪，在炎热缺水的时候，这些脂肪便会分解成骆驼所需的营养和水分。骆驼能在10分钟内喝下100多升水，同时排水少，夏天一天中仅排尿一升左右，骆

驼的脚掌生有宽厚的肉垫，走路脚趾叉开，保证了在沙漠行走而不陷到沙中。它们有长长的睫毛，自动开闭的鼻孔，长满密毛的耳朵，这些都能使它们抵挡风沙的袭击。

所以骆驼被称为"沙漠之舟"。

谁的耳朵像雷达

大耳狐是生活在非洲的草原犬科动物，因为它的大耳朵而得名。大耳狐体毛呈褐色，耳朵，腿部和脸部的部分为黑色。体长55厘米，穗长13厘米。大耳狐的牙齿比其他狐类更小，这是因为他们主要吃昆虫，包括白

↓双峰骆驼

地球的秘密

↑ 大耳狐

蛇的头部拥有特殊器官，在眼和鼻孔之间具有颊窝，是热能的灵敏感受器，可以利用红外线感应附近发热的动物。而响尾蛇死后的咬噬能力，就是来自这些红外线感应器官的反射作用。即使响尾蛇的其他身体机能已停顿，但只要头部的感应器官组织还未腐坏，即响尾蛇在死后一个小时内，仍可探测到附近15厘米范围内发出热能的生物，并自动做出袭击的反应。

响尾蛇尾巴的尖端地方，长着一种角质链装环，围成了一个空腔，角质膜又把空腔隔成两个环状空泡，仿佛是两个空气振荡器。当响尾蛇不断摇动尾巴的时候，空泡内形成了一股气流，一进一出地来回振荡，空泡就发出了"嘎啦嘎啦"的声音。

知识链接

·沙漠避暑·

不仅是鸟类，大多数沙漠动物，尤其是哺乳动物和爬虫动物，只在拂晓和黄昏时分出动。也正因如此，人类很少能与响尾蛇和毒蜥遭遇。也有些沙漠动物喜欢在气温凉爽的夜晚活动。蝙蝠、某些蛇类、大多数啮齿动物和一些大哺乳动物例如狐狸、臭鼬，都在夜间出动，白天则躲在阴凉的巢穴或地洞里睡觉。一些体型较小的沙漠动物干脆躲到地下去，它们在土壤或沙层下打造洞穴，逃过炎热的地面高温。

蚁，蝗虫等。此外，他们也吃鼠类、鸟类和鸡蛋，有时吃水果。大耳狐是夜行动物。白天，大耳狐总是躲在洞穴中。

与其他种类的狐狸不同，大耳狐不是活跃的猎手，它们多数时间只是潜伏和聆听。它们的大耳朵像雷达一样灵敏，可以捕获到猎物发出的细微声响。蜥蜴、啮齿类动物和昆虫都是大耳狐的捕猎对象。

今天，它们已被列为国际濒危动物。

响尾蛇死后咬人的秘密

科学家一直以来只知道，响尾

【神奇的世界】

◎ 策划制作　　**膳書堂**文化

◎ 组稿编辑　　张　树

◎ 责任编辑　　王　珺

◎ 封面设计　　刘　俊

◎ 图片提供　　全景视觉

　　　　　　　上海微图

　　　　　　　图为媒